Die Entwicklung der deutschen Maschinenindustrie vom Kriege bis zur Gegenwart

dargestellt unter Benutzung der Quellen des
Vereins Deutscher Maschinenbauanstalten

Dissertation

zur

Erlangung der Würde eines Doktor-Ingenieurs
der Technischen Hochschule zu Berlin

vorgelegt am 11. November 1925

von

Dipl.-Ing. Friedrich Kruspi

aus Charlottenburg

genehmigt am 17. Februar 1926

Referent: Prof. Dr.-Ing. Georg Schlesinger
Korreferent: Prof. Dr.-Ing. Paul Riebensahm

Springer-Verlag Berlin Heidelberg GmbH 1926

Der Inhalt der Dissertation erschien unter dem Titel
„Gegenwart und Zukunft der deutschen Maschinenindustrie"
als Buch im Springer-Verlag Berlin Heidelberg GmbH, 1926.

ISBN 978-3-662-27559-7   ISBN 978-3-662-29046-0 (eBook)
DOI 10.1007/978-3-662-29046-0

Vorwort.

Die Anregung zu der vorliegenden Schrift erhielt der Verfasser während seiner Tätigkeit als Referent im Verein Deutscher Maschinenbauanstalten. Da der Maschinenbau nach Wert der Produktion, Zahl der Beschäftigten und Anteil an der deutschen Ausfuhr zu den führenden Industrien Deutschlands gehört, erschien eine Zusammenfassung des in Einzeldruckschriften, Zeitschriften und Teildarstellungen von Wirtschaftsfragen des Maschinenbaues verstreuten Materials zu einem Gesamtbild geeignet, einen Beitrag zur Erkenntnis der heutigen Produktions- und Absatzbedingungen der deutschen Wirtschaft zu liefern. So erwuchs die Aufgabe, die Gegenwart aus der Vergangenheit zu erklären, die Wirkungen von Krieg und Inflation nachzuweisen und von den Wirtschaftszahlen aus, die kennzeichnend für die gegenwärtige Lage der Maschinenindustrie sind, auf die Zukunft zu schließen.

Sollte dies so weit gesteckte Ziel in einer Schrift von mäßigem Umfang erreicht werden, um die wesentlichsten Zusammenhänge klar herauszuarbeiten, so galt es, die Darstellung auf die wichtigsten Existenzgrundlagen der Maschinenindustrie zu beschränken und die Fülle des Tatsachenmaterials unter Verzicht auf erschöpfende Auswertung in der Form von Zahlentafeln und Schaubildern für sich selbst sprechen zu lassen. Die Schrift erhebt daher keinen Anspruch auf Vollständigkeit und überläßt dem Leser das Studium von Spezialfragen in den nachgewiesenen Quellen.

Die Arbeit in der vorliegenden Form durchzuführen, wäre nicht möglich gewesen ohne die Förderung durch den Verein Deutscher Maschinenbauanstalten. Dem Verein, besonders seiner Abteilung für Statistik, an dieser Stelle für seine Unterstützung zu danken, ist mir eine angenehme Pflicht.

Berlin, August 1926.

Fr. Kruspi.

Inhaltsverzeichnis.

A. Einleitung.

                                                      Seite

1. Geschichtlicher Rückblick … 1
2. Die Bedeutung der Maschinenindustrie für die deutsche Wirtschaft … 7
3. Wirkungen des Krieges und die allgemeine wirtschaftliche Lage nach dem Kriege … 21

B. Die erschwerten Produktionsbedingungen der Maschinenindustrie.

1. Die Rohstoffversorgung … 27
    a) Kohle … 27
    b) Eisen … 36
2. Arbeiterschaft und Arbeitszeit … 48
3. Die Preisbildung … 66
4. Die Absatzverhältnisse … 83

C. Statistischer Nachweis der Notlage der Maschinenindustrie.

1. Auftragseingang und Versand … 97
2. Der Beschäftigungsgrad … 103
3. Außenhandelszahlen … 107

D. Die Organisation der Maschinenindustrie.

1. Der Verein Deutscher Maschinenbauanstalten … 114
2. Das Fachverbandswesen … 119
3. Privatwirtschaftliche Zusammenschlüsse … 123

E. Zusammenfassung.

Gegenwärtige Lage und Ausblick … 124

Quellenverzeichnis … 128
Lebenslauf des Verfassers … 130

A. Einleitung.

1. Geschichtlicher Rückblick[1].

Die „machina" ältester Zeiten war ein Produkt der Belagerungstechnik für die Zwecke des Krieges. Sie bestand aus einer Verbindung von Maschinenelementen einfachster Art wie Hebel, Welle, Keil und Zahntrieb; auch die Federkraft wurde frühzeitig verwendet. Diese Erzeugnisse führten zur Herstellung von Hebezeugen, die dann auch für Handel und Schiffahrt nutzbar gemacht wurden. Daneben gaben die Bedürfnisse der Landwirtschaft (Mühlen, Pflüge, Pressen usw.) und des Textilgewerbes den Anstoß zur Ausbildung der Anfänge der späteren Maschinen. Solche Geräte wurden zunächst durch die menschliche Muskelkraft bedient, aber auch die Ausnutzung der Naturkräfte ist dem Altertum bereits bekannt (Segelschiff). Die Kenntnisse des antiken Maschinenbaues wurden dem Mittelalter überliefert und in den neuen Kulturgebieten weiter ausgebildet. Damit setzte auch die Verwendung der Wasser- und Windkraft in größerem Maße ein, zuerst im Berg- und Hüttenwesen und in der Müllerei. Wassermühlen und Windräder wurden in Deutschland zu brauchbaren Bauarten entwickelt. Der hohe Stand des deutschen Berg- und Hüttenwesens förderte die Ausbildung der Wasserhaltungen, der Fördereinrichtungen und Wetterkünste. Die Maschinen auf diesem Gebiete hießen „Künste", ihr Erbauer hieß „Kunstmeister". — Das Hauptmaterial des alten Maschinenbaues war Holz, die Metallbearbeitung trat erst mit dem Bau der Feuergeschütze in Erscheinung. Eine Arbeitsteilung kannte man noch nicht. Von einer Maschinenindustrie kann noch nicht gesprochen werden. Der Maschinenbauer jener Zeit übte sein Gewerbe im Umherziehen aus. Große maschinelle Anlagen wurden noch am Ort ihres Gebrauchszweckes selbst errichtet.

---

[1] C. Matschoss: Ein Jahrhundert deutscher Maschinenbau, Berlin 1919, V.D.I.-Verlag. — Derselbe: Beiträge zur Geschichte der Technik und Industrie, Jahrbücher des V.D.I., Berlin 1909/25. — Derselbe: Die Entwicklung der Dampfmaschine, Berlin 1908. — Frölich: Aus der Entwicklung des deutschen Maschinenbaues. Deutsche Bergwerkszeitung, Essen, November 1924.

Infolge seiner politischen Zerrissenheit und des wirtschaftlichen Niederganges nach dem Dreißigjährigen Kriege mußte Deutschland die Führung im Maschinenbau, die es im Mittelalter gehabt hatte, an England abgeben. Die Blüte des europäischen und überseeischen Handels und der hohe Stand der gewerblichen Tätigkeit begünstigten in England, das im 17. und 18. Jahrhundert längst ein einheitliches Reich geworden war, die Entwicklung des Maschinenbaues. Der neuzeitliche Maschinenbau entsteht aber erst mit der Erfindung der Dampfmaschine (1781 durch James Watt). Damit sicherte sich England einen Vorsprung, den es sich mit allen Mitteln zu erhalten suchte. Das Verbot der Ausfuhr von Maschinen und der Auswanderung von Fachleuten auf dem neuen Gebiet dienten diesem Bestreben. Trotz dieser und anderer Maßnahmen ist es nicht gelungen, die Ausbreitung der englischen Erfindungen wesentlich aufzuhalten. Die Dampfmaschine wurde eine an beliebiger Stelle verwendbare Kraftmaschine, die von der Bedienung der Arbeitsmaschinen durch Menschenhand und von der Ausnutzung der örtlich und zeitlich gebundenen Wasser- und Windkräfte unabhängig machte. In Birmingham gründete Watt die erste Dampfmaschinenfabrik der Welt, die von Stephenson, Maudslay und andere folgten. Die Entwicklung des Maschinenbaues förderten in England weiter die Erfindungen der Maschinenspinnerei, der Maschinenweberei, der Erzeugung brauchbaren Gußeisens, der Lokomotiveisenbahn, des Dampfschiffes, der Dampfhämmer, der hydraulischen Pressen und der mechanischen Walzwerke. So entstanden in England als die Anfänge der modernen Maschinenindustrie Dampfmaschinenfabriken, Lokomotivfabriken, später auch Werkzeugmaschinenfabriken, Fabriken für Bergwerks- und Hüttenmaschinen usw.

Der Aufbau einer Industrie in Deutschland war erst möglich, als Friedrich der Große und die Entwicklung Preußens nach den Freiheitskriegen die Vorbedingungen dafür geschaffen hatten. Sofort nach der Erfindung Watts sandte Friedrich der Große einen seiner besten Kunstmeister nach England zum Studium der umwälzenden Neuerung. Nach seiner Rückkehr wurde schon im Jahre 1785 in Hettstedt in Braunschweig die erste deutsche Dampfmaschine erbaut. In Oberschlesien, wo Friedrich der Große die erste Bergwerksindustrie größeren Ausmaßes ins Leben gerufen hatte, gingen aus den Werkstätten von Malapane und Gleiwitz die ersten Maschinenfabriken hervor. Es ist charakteristisch, daß die Anfänge des Maschinenbaues in der Nähe der Bergwerks- und Hüttenindustrie zu finden sind, die ihre ersten Abnehmer waren und auch die wichtigsten Baustoffe und Betriebsmittel, wie Eisen und Kohle, lieferten. Die gleiche Entwicklung ist in Rheinland-Westfalen zu beobachten. Während im Osten und Oberschlesien preußische Staatsbetriebe den Maschinenbau aufnahmen, waren es hier Privatleute. 1806 gründete der Kunstmeister Dinnendahl in Essen eine Maschinenfabrik, 1812 begann Krupp seine Gußstahlfabrik, 1819 eröffnete Friedrich Harkort in Verbindung mit Kamp seine Maschinenfabrik in Wetter a. Ruhr, das Stammhaus der heute weltbekannten Deutschen Maschinenfabrik in Duisburg, im gleichen Jahre wendete sich die Gutehoffnungshütte unter der Führung von Lueg (heute Haniel & Lueg) dem Maschinenbau zu. In Berlin entstand 1816 die Maschinenfabrik von Freund, auf deren Anfänge die heutige Maschinenfabrik und Eisengießerei in Charlottenburg zurückgeht. Ebenfalls in Berlin machte mit Unterstützung von Beuth, dem großen Förderer des deutschen Maschinenbaues, Egells seine Maschinenwerkstätten auf. In Sachsen begann die Umstellung der dort ansässigen Textilindustrie auf mechanische Fertigungsmethoden, die später zur Entwicklung des Textilmaschinenbaues wesentlich beitrugen.

Die mangelhaften Produktionsmittel, mit denen diese ersten deutschen Maschinenfabriken zu arbeiten hatten, erschwerten einen Aufschwung der jungen Industrie sehr. Es fehlte an Gießereien, die geeigneten Maschinenguß hätten herstellen können, an Werkzeugmaschinen zur Metallbearbeitung und an den geschulten Arbeitskräften, über die damals bereits die ältere Maschinenindustrie Englands verfügte. Bezeichnend für diese Verhältnisse ist es, daß der vorher erwähnte Harkort berichtet, für seine erste Dampfmaschine hätte er die ganzen Einzelteile und den Kessel mit eigener Hand geschmiedet und dazu fast anderthalb Jahre gebraucht. Erschwerend für den Handel und den Verkehr waren die zahllosen Zollschranken innerhalb der deutschen Kleinstaaterei. Besserung trat darin erst ein mit der Aufhebung der preußischen Binnenzölle 1818 und der Bildung des deutschen Zollvereins am 1. Januar 1834 unter zunächst 18 Staaten, dem sich 1851 die letzten deutschen Staaten anschlossen. Ein weiteres Hindernis für den Ausbau der Maschinenindustrie waren die schlechten Transportverhältnisse. Bei dem Mangel an Absatz für die bisher nicht gekannten Maschinen aller Art in Deutschland waren die Aufträge nicht nur in der Nähe der Maschinenfabriken zu erlangen. Harkort z. B. lieferte seine Maschinen vom Westen nach Sachsen und Magdeburg. Für den Transport der schweren Stücke mußten besondere Wagen gebaut werden, die auf den schlechten Chausseen nur mühsam vorwärts kamen.

Die große Wendung im deutschen Maschinenbau bewirkte erst die Entwicklung des deutschen Eisenbahnwesens, und zwar sowohl als Förderer des Verkehrs wie auch als Besteller und Abnehmer von Maschinen. Auf der 6 km langen Strecke Nürnberg—Fürth wurde 1835 die erste deutsche Eisenbahn eröffnet, aber noch mit einer von Stephenson erbauten englischen Lokomotive. 1838 folgte die Strecke Berlin—

Potsdam. Die erste größere Strecke von 115 km wurde 1839 zwischen Leipzig und Dresden in Betrieb genommen. In diesen Jahren sind viele Maschinenfabriken gegründet worden, die heute Weltruf genießen. Sie nahmen den Wettbewerb mit der Einfuhr aus England und zum Teil auch Amerika auf, die noch zum Bau der ersten deutschen Eisenbahnen das Material, Lokomotiven, Schienen usw. lieferten. Auf die örtliche Verteilung der Maschinenfabriken in Deutschland ist die Entwicklung der Eisenbahnen nicht ohne Einfluß geblieben. Dort, wo die deutschen Staaten die Konzessionen zu Eisenbahnen erteilten, finden sich die ältesten Firmen. 1837 wurde die Firma Maffei in München, die Firma Hartmann in Chemnitz gegründet. Die Maschinenfabrik Henschel & Sohn in Kassel nimmt 1848 den Lokomotivbau auf. Im Jahre 1846 wenden sich die Maschinenfabrik Eßlingen und das Werk von Georg Egestorff in Hannover, gegründet 1835 (heute Hannoversche Maschinenbau A. G.) ebenfalls dem Lokomotivbau zu. Im Juni 1837 eröffnet August Borsig am Oranienburger Tor in Berlin seine Fabrik und läßt 1841 seine erste Lokomotive auf der Bahn Berlin—Anhalt laufen; 1854 baut er seine 500., 1858 bereits seine 1000. Lokomotive.

Neben Borsig, Freund und Egells gründen in Berlin Hoppe (1844) und Woehlert (1842) Maschinenfabriken. Dazu trat im Jahre 1852 die Firma L. Schwartzkopff. In Süddeutschland entstanden neben Maffei, Krauss und Keßler in München die Werke von Klett in Nürnberg (1838) und von Sander (1840), die sich 1893 zu der „Maschinenfabrik Augsburg-Nürnberg" (M.A.N.) vereinigten. In Norddeutschland nimmt 1837 Schichau mit der Gründung seiner Werke in Elbing den Maschinenbau und den Schiffbau auf. Im Siegerlande entstanden 1847 die Maschinenfabrik der Dahlbrucher Eisengießerei und die Fabrik Waldrich zu Sieghütte, 1849 die Maschinenfabrik von A. H. Oechelhäuser.

Die Entwicklung des deutschen Maschinenbaues schritt nun schnell vorwärts. Die immer größere Ausdehnung des Bahnnetzes und der damit verbundene Bedarf an Materialien spornten die junge Industrie an. Die Anlagen wurden erweitert, das Bauprogramm auf Maschinen aller Art ausgedehnt. Borsig beschäftigte 1847 bereits 1200 Arbeiter. Hartmann baut Dampfmaschinen und Dampfkessel, Lokomotiven, Tender und Spinnereimaschinen. König und Bauer begründen den Bau von Druckereimaschinen, Lanz, Mannheim, und Wolff, Magdeburg-Buckau, den Bau von Landmaschinen. In alle gewerblichen und industriellen Arbeitsgebiete drang die Maschine ein, entsprechend wuchs das Fertigungsprogramm der Maschinenfabriken. Die Anfänge einer Spezialisierung machten sich bemerkbar. Es entwickelten sich langsam besondere Zweige des Maschinenbaues und besondere Werke für die Textilindustrie, die Nahrungs- und Genußmittelindustrie, das Bergwerks- und Hüttenwesen, die Landwirtschaft, für Arbeitsmaschinen, Werkzeugmaschinen usw. Es begann zunächst die Reihen-, später die Massenfertigung.

Der Aufschwung der gesamten deutschen Industrie und mit ihr der Maschinenindustrie knüpft sich an die Londoner Weltausstellung von 1851, die dem Stahlfabrikanten Krupp trotz der englischen Konkurrenz den ersten Preis brachte. Der Wettbewerb mit dem englischen Maschinenbau war erfolgreich aufgenommen. In die sechziger Jahre fallen eine große Reihe von Neugründungen und Umstellungen auf breitere Grundlage in Form der A.-G., noch größer ist die Zahl der neu entstehenden Maschinenfabriken nach der Reichsgründung: Maschinenbau A.-G. Humboldt in Köln-Kalk, Gasmotorenfabrik Deutz (1864), Berlin-Anhaltische Maschinenbau A.-G. (1872), Hallesche Maschinenfabrik (1872) usw.

Den Anstoß zu weiteren Entwicklungen gaben die technischen Neuerungen bedeutender Art. Die Ausgestaltung des neuzeitlichen Maschinenbaues wurde bestimmt durch die Einführung des elektrischen Stromes in der Industrie. Sie brachte einerseits den neuen Zweig des Elektromaschinenbaues hervor, anderseits stellte die elektrische Kraftübertragung neue Anforderungen an die Konstruktion der Arbeitsmaschinen, Verkehrsmittel, Transporteinrichtungen usw. Weiter führten die Bedürfnisse der Elektrotechnik zur Entwicklung und Einführung der Dampfturbine. Zu der Dampfmaschine traten auf dem Gebiete der Wärmekraftmaschinen die Gasmaschine, der Benzinmotor und die Ölmaschine Diesels. Arbeitsmaschinen für die verschiedensten Industriezweige wurden ausgebildet, so für die Lederbearbeitung, die Papierherstellung, die Industrie der Steine und Erden usw. Kolbenmaschinen wurden durch Rotationsmaschinen ersetzt, das Turbogebläse und die Kreiselpumpe fanden Eingang. Im Werkzeugmaschinenbau machten die ständig steigenden Anforderungen an ihre Leistungen und in jüngster Zeit die Verwendung von Schnellstahl bedeutende Umwandlungen alter Konstruktionen notwendig. Für die Bearbeitung der Teile größter Maschinen enstand der Spezialwerkzeugmaschinenbau. Schließlich schuf die Konstruktion von Maschinen, die wie die Nähmaschine, das Fahrrad und das Automobil für den Massenabsatz berechnet waren, und von Maschinen, die wie die Schreibmaschine und die Rechenmaschine schon der Feinmechanik nahestanden, vollkommen neue Industriezweige.

Die außerordentlich schnelle Entwicklung der deutschen Maschinenindustrie seit der Reichsgründung an Hand der Neugründungen von Firmen des Maschinenbaues namentlich verfolgen zu wollen, ist im Rahmen dieses kurzen geschichtlichen Rückblickes nicht möglich.

Kennzeichnend für das Tempo der Entwicklung sind die Zahlen der Aktiengesellschaften des Maschinenbaues. Während das Jahr 1883 nur 104 Gesellschaften kannte, waren es 1896 bereits 235. In den Jahren 1891—1900 wurden allein 245 Gesellschaften neu gegründet.

Über den Standort der Maschinenindustrie in Deutschland ist zu sagen, daß sich nach der Betriebszählung von 1907 die Firmen des Maschinenbaues ziemlich gleichmäßig über die Industriegegend Deutschlands verteilen, daß sie sich also vorwiegend in annähernd gleicher Stärke in allen größeren Städten finden, wo Industrie überhaupt ansässig ist, und mit Ausnahme der ausgesprochenen Agrarprovinzen Ost- und Westpreußen und Pommern in allen Teilen des Reiches ihren Sitz haben[1]). Auch bei einzelnen Zweigen des Maschinenbaues finden sich keine wesentlichen Unterschiede in der örtlichen Verteilung, nur der Textilmaschinenbau ist in Sachsen und auch im Rheinland konzentriert. Nachdem sich der Maschinenbau zunächst in der Nähe seiner Rohstoffquellen und seiner Hauptabnehmer, den Berg- und Hüttenwerken, und nach Maßgabe der Entwicklung der Eisenbahnen angesiedelt hatte, hat er nach dem Ausbau des Bahnnetzes und der Mechanisierung aller Industriezweige, die er zu beliefern hatte, seine Ausdehnung über das ganze Reich gefunden. Dabei war er mit Rücksicht auf die Arbeiterschaft und die Verkehrsverbindungen in erster Linie auf die größeren Städte angewiesen.

Amerika hatte in seinem heimischen Markt und England in seinen Kolonien ein großes Absatzgebiet für die Erzeugnisse seines Maschinenbaues. In Deutschland dagegen war der Wettbewerb unter den einzelnen Maschinenbaufirmen, die nur auf den relativ kleinen inneren Markt angewiesen waren und noch dazu sich gegen ausländische Einfuhr zu wehren hatten, sehr groß. Darin liegt die verschiedene Entwicklung des deutschen und des ausländischen Maschinenbaues begründet. In England und Amerika spezialisierten sich die einzelnen Fabriken bald auf Sondererzeugnisse, deren Absatz ja gesichert war. Die deutschen Firmen aber mußten, um existenzfähig zu bleiben, neben der Herstellung von Sondermaschinen allgemeinen Maschinenbau treiben. Die Folgen waren gegenseitige Unterbietung und mangelnde Wirtschaftlichkeit der Unternehmungen. Erst um die Jahrhundertwende begann sich der deutsche Maschinenbau auf dem Weltmarkt zu zeigen, und bald besserte der schnell steigende Maschinenexport Deutschlands (vgl. S. 15) die Absatzverhältnisse.

Der starke innerdeutsche Wettbewerb förderte aber auch den technischen Fortschritt. Er wäre freilich niemals in dem Maße erzielt

---

[1]) Vgl. Frölich: Die Stellung der deutschen Maschinenindustrie im deutschen Wirtschaftsleben und auf dem Weltmarkte, Drucksache des VDMA 1914 Nr. 4.

worden, wenn nicht der hohe Stand der technischen Wissenschaften und der Kenntnis der Naturgesetze dem deutschen Maschinenbau das geistige Rüstzeug zu seinen Erfolgen gegeben hätte. Während sich der englische Maschinenbau vorwiegend auf der Erfahrung aufbaute, ging man in Deutschland frühzeitig an theoretische Forschungen. Praxis und Theorie ergänzten sich gegenseitig. So wurde das technische Schulwesen in Deutschland zu vorbildlicher Güte ausgebildet. Aus den Gewerbeschulen und Gewerbeakademien gingen die technischen Hochschulen hervor. Daneben lief die Entwicklung der technischen Mittelschulen. Auch die Notwendigkeit, einen Nachwuchs der Facharbeiter zu erziehen, wurde sehr bald erkannt. Mit der Einrichtung von Lehrlingswerkstätten wurde diese Aufgabe gelöst. In neuester Zeit sind die Fragen der wissenschaftlichen Betriebsführung, der Organisation, der Normung und Typung Gegenstand des lebhaftesten Interesses von Industrie und technischer Wissenschaft.

2. Die Bedeutung der Maschinenindustrie für die deutsche Wirtschaft.

Der Begriff „Maschinenbau" läßt sich schwer umgrenzen. Er umfaßt im weitesten Sinne die Herstellung aller Vorrichtungen, Werkzeuge und Apparate einschließlich der Zubehörteile, die durch motorische (Wärme, Wasser, Wind), menschliche oder tierische Kraft bedient mechanische Arbeit leisten; dabei sind unter „mechanischer Arbeit" die durch Kraftmaschinen erzeugte gerade oder rotierende Bewegung wie die Funktion aller Arbeits- und Werkzeugmaschinen gleichermaßen zu verstehen. Die von dem Maschinenbau immer wieder neu zu lösende Aufgabe ist die, mit dem geringsten Aufwand an Material und anderen Produktionsmitteln für den beabsichtigten Arbeitszweck mechanische Einrichtungen zu schaffen, deren Bedarf an Bedienung, Kraft und Unterhaltungskosten möglichst niedrig ist. Für die Produktion von Maschinen gilt also das ökonomische Prinzip des höchsten Wirkungsgrades in doppelter Beziehung, nämlich sowohl für ihren Bau als auch für ihren späteren Betrieb. Aus der Zweckbestimmung des Maschinenbaues ergibt sich, daß er in jedem Gewerbe und jeder Industrie nicht nur als Lieferer, sondern vor allem als Betriebsorganisator und Konstrukteur zu finden ist. In diesem Sinne muß der Maschinenbau neben den Rohstoffindustrien als eine Schlüsselindustrie im Wirtschaftsleben angesprochen werden (vgl. S. 12).

Auf die Frage nach den Erzeugnissen der Maschinenindustrie gibt es keine exakte Antwort. Auf verschiedene Zwecke gerichtete statistische Erhebungen beantworten sie verschieden. Die unter der Position „Maschinen" (Abschnitt 18 A) des deutschen Zolltarifs aufgeführten

Erzeugnisse decken sich nicht mit denen, deren Produktionswerkstätten die Gewerbeaufsichtsbehörden den Zählungen der in der Maschinenindustrie Beschäftigten zugrunde legen. Von beiden abweichend sind die Grundlagen entsprechender Statistiken des Reichsarbeitsamtes. Auf einem wiederum anderen, aber einwandfreieren Modus beruht die private Statistik des VDMA. Diese Unsicherheit bei dem Vergleich statistischer Angaben, die nicht als absolute Werte, sondern immer nur als relative Größen im Verhältnis zu gleichartigen Zahlen anderer Industriezweige bzw. anderer Zeitpunkte der gleichen Statistik maßgebend sein können, erklärt sich aus dem Charakter gemischter Betriebe, der den meisten Maschinenfabriken eigen ist. Neben reinen Maschinen und deren Teilen umfaßt das Fertigungsprogramm oft Apparate verschiedenster Art, Dampfkessel, Behälter, Eisenbauten, Fahrzeuge und Erzeugnisse der Elektrotechnik, der Kleineisenindustrie und der Feinmechanik. Die Produktion greift also über den eigentlichen Maschinenbau hinaus auf die übrigen Zweige der mechanischen Industrie (vgl. den folgenden Absatz) über. Diese Vielgestaltigkeit der Erzeugnisse eines Betriebes liegt in der historischen Entwicklung des deutschen Maschinenbaues (vgl. S. 6) begründet. Schließlich ist noch zu erwähnen, daß die Erzeugnisse der mit vielen Maschinenfabriken verbundenen Gießereien auch nicht immer ausschließlich der Maschinenindustrie zuzurechnen, sondern oft als handelsmäßige Gußwaren anzusehen sind. Entsprechend der wirtschaftspolitischen Gliederung der Industrie im Reichsverband der deutschen Industrie bezieht sich die vorliegende Arbeit nur auf die im „Verein Deutscher Maschinenbau-Anstalten" zusammengeschlossene Industriegruppe (vgl. die Übersicht über die 13 Fachverbandsgruppen des VDMA und ihre Erzeugnisse im Abschnitt D 1 auf S. 117) unter Ausschluß verwandter Zweige, die zu selbständigen Industrien wurden, vor allem also der Elektrotechnik und des Automobilbaues.

Bei der Eingliederung in die gesamte Industrie wird der Maschinenbau zur Mechanischen (Eisen und Metall verarbeitenden) Industrie gerechnet. Er bildet diese Gruppe zusammen mit der Elektrotechnik, Feinmechanik und Optik, der Fahrzeug- und der Kleineisenindustrie, dem Dampfkessel- und Apparatebau, dem Eisenbau und Schiffbau. An Zahl der Beschäftigten, an Wert der Erzeugung und Ausfuhr stand die Mechanische Industrie schon lange vor dem Kriege an erster Stelle vor den übrigen Hauptzweigen der Industrie (Bergbau, Eisenhüttenindustrie, Chemische Industrie und Textilindustrie). An der führenden Stellung der Mechanischen Industrie hat der Maschinenbau den bedeutendsten Anteil, denn auf ihn entfallen etwa ein Drittel der Zahl der Beschäftigten und die Hälfte der erzeugten und ausgeführten Werte der Mechanischen Industrie.

Die Bewertung eines Industriezweiges innerhalb des Wirtschaftsorganismus eines Landes kann nach verschiedenen Gesichtspunkten erfolgen; einen einheitlichen Maßstab, der allen Beziehungsmöglichkeiten gerecht würde, gibt es nicht. Einen zahlenmäßigen Vergleich erlauben die Ziffern des Wertes der Jahreserzeugung und der Beschäftigten, deren Existenz ja von der sie ernährenden Industrie abhängt; maßgebend ist auch die Qualität der Beschäftigten. Ein Nachweis läßt sich auch aus der Verknüpfung mit anderen Wirtschaftszweigen führen, sofern sie zahlenmäßig zu belegen ist. Die Rangordnung kann schließlich orientiert werden nach dem Verhältnis der Einfuhr zur Ausfuhr in den verschiedenen Industriezweigen. Dabei ist zu berücksichtigen, wie weit die in dem Ausfuhrgut enthaltenen Werte (z. B. Rohstoffe) dem Inland entstammen. Einen mittelbaren Anhalt gibt auch die Stellung des Industriezweiges auf dem Weltmarkt.

Wenn im folgenden versucht wird, die Bedeutung der Maschinenindustrie für das deutsche Wirtschaftsleben zahlenmäßig zu erweisen, so kann hier naturgemäß nur eine beschränkte Auswahl charakteristischer Daten geboten werden. Es ist zu unterscheiden zwischen Zahlen aus den Jahren vor 1914 und solchen der Nachkriegszeit, die nicht ohne weiteres in Beziehung gesetzt werden können und daher eine getrennte Darstellung erfahren. Vorher ist es erforderlich, nochmals auf den relativen Wert der Zahlenvergleiche hinzuweisen, der in den Mängeln der Statistik (vgl. S. 8) seine Erklärung findet.

Über den Wert der Jahreserzeugung der Maschinenindustrie lassen sich mangels einer regelmäßigen Produktionsstatistik nur verhältnismäßig wenige Angaben machen. Aus dem gleichen Grunde ist auch ein Vergleich mit der Erzeugung anderer Industrien nur schwer möglich; denn nur für den Bergbau und die Eisenhüttenindustrie gibt es seit Jahrzehnten eine amtliche Produktionsstatistik. Nur für das Jahr 1897 stehen amtliche Ziffern der Erzeugung auch des Maschinenbaues zur Verfügung. Auf Grund einer Umfrage des VDMA liegen für 1907 und 1914 zuverlässige Schätzungen vor. Danach ergibt sich folgende vergleichende Übersicht[1]):

Zahlentafel 1.

Jahr	Jahreserzeugung in Mill. ℳ.			Jahr	Jahreserzeugung der Maschinenindustrie in Mill. ℳ.
	Bergbau	Roheisen	Flußeisen		
1895	706	237	412	1897	1000
1908	1970	715	1389	1907	2000
1913	2444	1088	1604	1914	3000

[1]) Vgl. Frölich: Entwicklung, Bedeutung und Zukunftsaufgaben des deutschen Maschinenbaues, Drucksache des VDMA 1918 Nr. 3a.

Bereits seit 1897 also übertraf die jeweilige Jahreserzeugung der Maschinenindustrie an Wert bedeutend die gesamte Produktion an Kohlen und Eisenerzen, die den Bedarf der ganzen deutschen Eisen verarbeitenden Industrie zu decken vermochte und das Rückgrat der Industrialisierung Deutschlands bildete. Die gleiche Überlegenheit drückt der Vergleich mit den Zahlen der Roheisen- und Flußeisenproduktion aus. Einen mittelbaren Beweis dafür, daß sich die Erzeugung des Maschinenbaues ungleich schneller als die der übrigen Wirtschaft steigerte, liefern die Zahlen[1]) des Güterverkehrs. Der gesamte Inlandverkehr vom Jahre 1895 stand zu dem des Jahres 1913 im Verhältnis von 1 : 3,1, dagegen stellt sich das entsprechende Verhältnis der Zahlen des Maschinengüterverkehrs auf 1 : 4,2.

Die Zahlen der Beschäftigten geben ein vollständigeres Bild von der Verschiedenheit des Entwicklungstempos der Maschinenindustrie und anderer Industriezweige. Nach der Statistik des Deutschen Reiches (Bd. 211) verlief die Entwicklung in der Gesamtindustrie und ihren Hauptgruppen auf Grund der Gewerbezählungen von 1882, 1895 und 1907 folgendermaßen:

Zahlentafel 2.

	1000 Beschäftigte*)					
	1882		1895		1907	
1. Gesamte Industrie . . .	6396	1	8281	1,3	11256	1,8
2. Bergbau	320	1	418	1,3	720	2,2
3. Eisenhüttenindustrie . .	160	1	227	1,4	399	2,5
4. Mechanische Industrie .	705	1	1056	1,5	1741	2,5
4a. Maschinen-Industrie . .	110	1	147	1,3	469	4,3
5. Chemische Industrie . .	58	1	101	1,8	175	3,0
6. Textilindustrie	851	1	945	1,1	1057	1,2

*) Unter den „Beschäftigten" ist die Summe der selbständigen Personen, Beamten (Angestellten) und Arbeiter zu verstehen.

Die Ziffern hinter den Beschäftigtenzahlen geben die Steigerung gegenüber dem Stand von 1882 an. In Abb. 1 sind diese Verhältniszahlen graphisch dargestellt. Die Maschinenindustrie liegt dabei weit in Front. Während sich in der Gesamtindustrie die Zahl der Beschäftigten in den 25 Jahren noch nicht verdoppelte, stieg sie in der Maschinenindustrie auf über das Vierfache. Bis zum Jahre 1895 ist die Entwicklung in allen Gruppen, abgesehen von der Chemischen Industrie, noch annähernd die gleiche. Von da ab beginnt mit der Zunahme der deutschen Maschinenausfuhr die wesentlich schnellere Entwicklung der Maschinenindustrie, so daß sie 1907 bereits an dritter Stelle hinter der

---

[1]) Nach Angaben des Stat. Jahrbuches für das Deutsche Reich.

Textilindustrie und dem Bergbau rangiert. Die Gewerbezählung von 1925, deren Ergebnisse noch nicht vorliegen, wird für die Gegenwart Vergleichswerte bieten.

Zu Kriegsanfang schätzte der VDMA die Zahl der im reinen Maschinenbau Beschäftigten (Angestellte und Arbeiter) auf 500000 bis 600000.

Auch durch den großen Anteil der Beamten und Facharbeiter, bezogen auf die Summe aller Arbeiter, zeichnet sich die Maschinenindustrie vor den anderen Gruppen aus. Die in der Zahlentafel 3 zusammengestellten Ergebnisse [1]) der Berufs- und Betriebszählung vom Juni 1907 geben darüber Aufschluß.

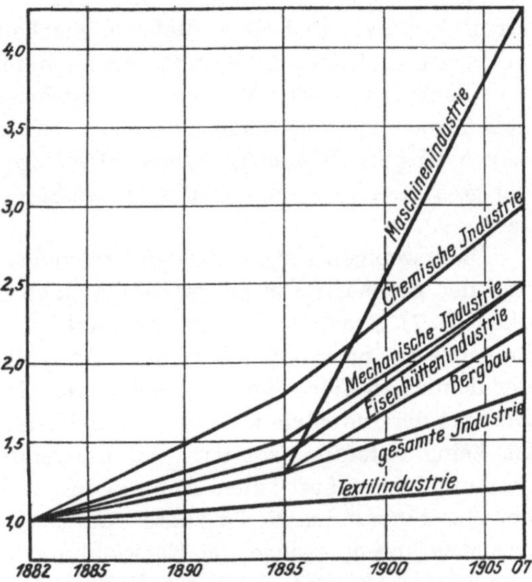

Abb. 1. Steigerung der Beschäftigtenzahlen in der deutschen Industrie von 1882—1907.

Zahlentafel 3.

	in vH aller Arbeiter	
	Beamte	Facharbeiter
1. Gesamte Industrie	8,0	58,5
2. Bergbau	5,2	55,0
3. Eisenhüttenindustrie . . . . ·.	9,0	29,5
4. Mechanische Industrie	10,0	77,5
4a. Maschinenindustrie	19,8	62,0
4b. Elektrotechnische Industrie	26,5	40,5
5. Chemische Industrie	19,7	10,5
6. Textilindustrie.	9,1	46,0

Da die absoluten Zahlen hier nicht interessieren, sind nur die relativen Werte wiedergegeben. Sie zeigen, daß die Maschinenindustrie den größten Anteil an Beamten hat, abgesehen von der Elektrotechnischen Industrie, die aber anteilmäßig weit mehr ungelernte Arbeiter, darunter besonders viel weibliche, beschäftigt. Das spricht für die Qualität und den großen Bedarf an geistigen Kräften der Maschinenindustrie. Die Verhältniszahlen der Facharbeiter bieten das gleiche Bild. Der hohe Wert der Mechanischen Industrie, deren Untergruppen der

---

[1]) Vgl. Frölich: a. a. O. (S. 6) S. 3 ff.

Maschinenbau und die Elektrotechnik sind, erklärt sich daraus, daß einige andere zu ihr gehörige, der Gesamtzahl der Beschäftigten nach weniger bedeutende Zweige, wie z. B. Feinmechanik, Optik und Instrumentenbau, in hohem Maße Facharbeiter beschäftigen. Die große volkswirtschaftliche Bedeutung, die nach dem hohen Anteil der Beamten und Facharbeiter der Maschinenindustrie zukommt, wird auch dadurch gekennzeichnet, daß nach einer kurz vor dem Kriege vom VDMA bei seinen Mitgliedsfirmen gehaltenen Umfrage mehr als 25 vH des Wertes der gesamten Erzeugung auf Arbeitslöhne (ohne Beamtengehälter) entfielen.

Diese wenigen vergleichenden Zahlen des Wertes der Jahreserzeugung und der Beschäftigten geben bereits einen ersten Beweis für die weiter oben (S. 7) gemachte Bemerkung, daß die Bedeutung der Maschinenindustrie in ihrem Charakter als Schlüsselindustrie und Schrittmacher der deutschen Wirtschaft zu suchen ist. Die im Verhältnis zu anderen Zweigen der Industrie wie der ganzen Wirtschaft schnellere Entwicklung ist keine zufällige, sondern die notwendige Voraussetzung für den gesamten wirtschaftlichen Aufschwung gewesen. Auf die Leistungen der Maschinenindustrie ist letzten Endes die beispiellose Intensivierung zurückzuführen, welche die Entwicklung der deutschen Industrie und Landwirtschaft und auch des Handels und Verkehrs in den Jahren vor dem Kriege kennzeichnet. Die Landwirtschaft und fast jede Industrie und jedes Gewerbe verdanken ihre wirtschaftliche Bedeutung, d. h. die Möglichkeit, gute Ware zu billigen Preisen herzustellen und mit Gewinn abzusetzen, der ständig fortentwickelten Güte deutscher Maschinen.

Für diese Verknüpfung mit der gesamten Wirtschaft, die den Maschinenbau auszeichnet, ist vielleicht ein besonders sinnfälliges, mittelbares Beispiel die Veränderung in den Produktionsverhältnissen der Eisenhüttenindustrie[1]), deren gewaltig gesteigerte Erzeugungsziffern oft zu einem durchaus einseitigen Nachweis des wirtschaftlichen Aufschwunges Deutschlands vor dem Kriege herhalten müssen:

	um 1890	1916
Jahreserzeugung eines Hochofens	20 000 t	56 000 t
Jährliche Erzeugung pro Arbeiter	180 t	367 t

Dieser Erfolg wäre unmöglich gewesen ohne die ständige Vervollkommnung der mechanischen Hilfsmittel. Ähnliche Beispiele ließen sich in großer Fülle aus anderen Industriezweigen anführen, am besten aber drückt sich die Verknüpfung der Maschinenindustrie mit der ge-

---

[1]) Vgl. Rech: Der deutsche Maschinenbau und seine Zukunft, Nieder-Ramstadt bei Darmstadt 1923, C. Malcomes Verlagsbuchhandlung, S. 1 ff.

samten Wirtschaft in der außerordentlich starken Zunahme der Benutzung von Maschinen[1]) aus. Symptomatisch für die Mechanisierung der gewerblichen Produktion, d. h. für ihre Umstellung auf maschinellen Betrieb, sind die Zahlen der Leistungen der verwendeten Kraftmaschinen, weil ja jede von ihnen wieder eine oder mehrere Arbeitsmaschinen treibt. In dieser Richtung verlief die Entwicklung gemäß den Werten in Zahlentafel 4, deren Angaben der Statistik des Deutschen Reiches (Bd. 220/221) und der Gewerbeberufsstatistik von 1907 entnommen sind.

Zahlentafel 4.

	Benutzte Leistung von Kraftmaschinen		
	1895	1907	
	1000 PS	1000 PS	Vielfaches von 1895
1. Gesamte Industrie	3427	7969	2,3
2. Berg- und Hüttenwesen . . .	995	2112	2,1
3. Metallverarbeitung	142	434	3,1
4. Maschinen-Industrie	185	1273	6,9
5. Chemische Industrie	84	193	2,5
6. Textilindustrie.	516	873	1,7

Auch diese Aufstellung, die sämtliche Kraftmaschinen (Wärme, Wasser, Wind) umfaßt, zeigt, daß die Maschinenindustrie die höchste Steigerungsziffer aufweist und in der Benutzung ihrer eigenen Erzeugnisse voranging. Um die Abhängigkeit der Entwicklung auch der Verkehrswirtschaft vom Maschinenbau zu erläutern, genügt es, die Veränderungen im Lokomotivbestand anzugeben. Die Zahl der Vollspurlokomotiven und Triebwagen Deutschlands von 15715 im Jahre 1895 erhöhte sich bis 1907 auf 24447 und betrug 1913 schließlich 29990. Das bedeutet eine Steigerung auf das 1,55 bzw. 1,91fache. Was für Industrie und Verkehr gilt, trifft auch für die Landwirtschaft zu. Charakteristisch dafür ist es, daß in den Jahren der Entwicklung Deutschlands vom Agrarstaat zum Industriestaat die landwirtschaftliche Produktion nicht nur nicht zurückging, sondern vielmehr entsprechend den Bedürfnissen

Zahlentafel 5.

	Beschäftigte						
	1882		1895		1907		
	Mill.	vH	Mill.	vH	Mill.	vH	Vielfaches von 1882
1. Alle Berufsgruppen .	17,63	100	20,77	100	26,83	100	1,5
2. Land- u. Forstwirtsch.	8,24	47	8,29	40	9,88	37	1,2
3. Industrie	6,39	36	8,28	40	11,26	42	1,8
4. Handel u. Verkehr .	1,57	9	2,34	11	3,48	13	2,2
5. Freie Berufe	1,43	8	1,86	9	2,21	8	1,5

---

[1]) Vgl. für die folgenden Zahlenangaben Frölich: a. a. O. (S. 9) S. 7 ff.

der starken Bevölkerungszunahme noch erheblich vermehrt werden konnte, obwohl die Zahl der in der Landwirtschaft Beschäftigten nicht sonderlich wuchs. Die absoluten und relativen Zahlen der Tafel 5 belegen diese Verschiebung in der Verteilung der Berufsgruppen (nach der Berufsstatistik von 1907).

Die Intensität der landwirtschaftlichen Produktion konnte (außer durch die Leistungen der Chemie) nur durch die Benutzung von Zeit und Menschenkraft sparenden Maschinen in dem Maße gesteigert werden, daß die Einfuhr, die neben der heimischen Erzeugung notwendig war, um die Ernährung der vermehrten Bevölkerung sicherzustellen, in erträglichen Grenzen blieb. Die Zahlen der landwirtschaftlichen Betriebe, die Maschinen benutzten, und ihre Entwicklung zwischen 1882 und 1907 enthält die Zahlentafel 6 (nach Bd. 112 der Statistik des Deutschen Reiches).

Zahlentafel 6.

Es benutzten	1000 Betriebe					
	1882		1895		1907	
Dampfpflüge	0,8	1	1,7	2,0	3,0	3,5
Sämaschinen	63,8	1	169,5	2,6	290,0	4,5
Mähmaschinen.	19,6	1	35,1	1,8	301,3	15,4
Dampfdreschmaschinen .	75,7	1	259,4	3,4	488,9	6,5
Sonstige Dreschmaschin.	298,4	1	596,9	2,0	947,0	3,2
	458,3	1	1062,6	2,3	2030,2	4,4

Der Bedarf an landwirtschaftlichen Maschinen war so groß, daß ihn die deutsche Maschinenindustrie vor dem Kriege nicht allein decken konnte; große Mengen mußten aus dem Auslande eingeführt werden.

Zahlentafel 7.

	Gesamtausfuhr		Maschinenausfuhr*)		
	Mill. $\mathscr{M}$.	Steigerung	Mill. $\mathscr{M}$.	Steigerung	vH der Gesamtausfuhr
1900	4753	100	183	100	3,85
1901	4513	95	157	86	3,48
1902	4813	101	148	81	3,08
1903	5130	108	179	98	3,49
1904	5315	112	189	103	3,56
1905	5842	123	221	107	3,79
1906	6359	134	304	166	4,77
1907	6851	144	387	212	5,65
1908	6399	135	416	228	6,50
1909	6592	139	384	210	5,83
1910	7475	157	460	251	6,15
1911	8106	171	544	297	6,71
1912	8957	187	630	344	7,08
1913	10097	212	678	370	6,71

*) Die Zahlen gelten für „reine Maschinen", Abschnitt 18 A des Deutschen Zolltarifs.

Die umgekehrte Betrachtung dieser eben erwähnten Zusammenhänge zwischen landwirtschaftlicher Produktion und Bevölkerungszunahme führt zu der zweiten großen Rolle, welche die Maschinenindustrie im deutschen Wirtschaftsleben spielt, zu ihrem Charakter als Ausfuhrindustrie. Die Entwicklung Deutschlands zum Industriestaat in den letzten beiden Jahrzehnten vor dem Kriege machte es notwendig, der durch die Bevölkerungszunahme bedingten Steigerung der Einfuhr von Lebenshaltungsgütern die Ausfuhr solcher Erzeugnisse

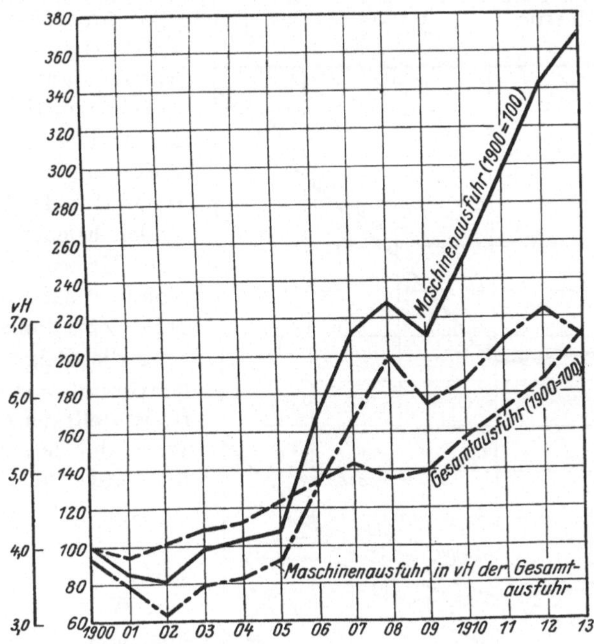

Abb. 2. Deutschlands Gesamtausfuhr und Maschinenausfuhr
1900—1913 (1900 = 100).

entgegenzusetzen, deren Wert weniger die in ihnen enthaltenen Rohstoffe als die in sie hineingesteckte Arbeit ausmachen. Ein hervorragendes Ausfuhrgut dieser Art war die deutsche Maschine. Zahlentafel 7 (Abb. 2) gibt eine Übersicht über die Entwicklung der deutschen Maschinenausfuhr im Verhältnis zur Gesamtausfuhr (gesamten Spezialhandel) in den Jahren 1900 bis 1913 nach den Angaben der deutschen Außenhandelsstatistik.

Mit Ausnahme des Jahres 1909, das einen geringen Rückgang aufweist, ist seit 1902 eine ständige Zunahme der Maschinenausfuhr zu beobachten, ihr Tempo ist aber unvergleichlich viel schneller als in der Entwicklung der Gesamtausfuhr. Der Anteil der Maschinen an der Ge-

Zahlentafel 8.

	Ausfuhrüberschuß in Mill. ℳ.					
	1907	1908	1909	1910	1911	1912
1. Bergbau	− 251	− 102	− 87	− 84	− 81	− 59
2. Eisenhüttenindustrie .	351	351	367	420	488	668
3. Mechanische Industrie	849	862	842	1087	1259	1457
3a. Reine Maschinen . .	304	346	321	396	473	553
3b. Kleineisenindustrie .	249	206	204	304	383	442
3c. Elektrotechnik . . .	161	173	176	210	198	245
4. Chemische Industrie .	271	259	307	363	410	408
5. Textilindustrie . . .	414	397	280	373	450	437

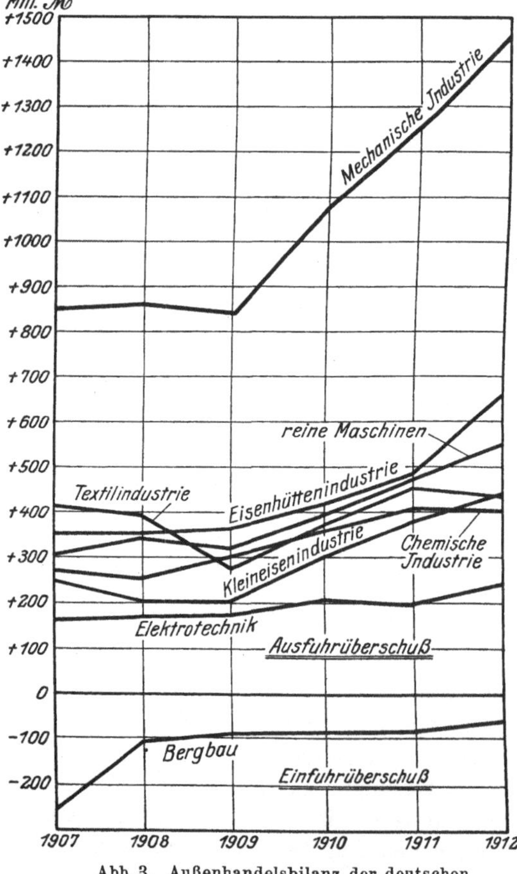

Abb. 3. Außenhandelsbilanz der deutschen
Industriegruppen 1907—1912.

samtausfuhr stieg von durchschnittlich 3,47 vH zu Anfang des Jahrhunderts auf durchschnittlich 6,83 vH in den letzten drei vollen Friedensjahren vor dem Kriege, verdoppelte sich also nahezu in diesen rund zehn Jahren. Während die Steigerungsziffer der Gesamtausfuhr 212 beträgt, stellt sich der gleiche Wert der Maschinenausfuhr auf 370.

Die volle Bedeutung dieser Zahlen erhellt erst aus einem Vergleich mit den Werten anderer Industriezweige. Da für eine volkswirtschaftliche Wertung die Ausfuhr zur Einfuhr ins Verhältnis gesetzt werden muß, ist in Zahlentafel 8 (Abb. 3) für die industriellen Hauptgruppen des Außenhandels der von ihnen in den Jahren 1907 bis 1912 erzielte Ausfuhrüberschuß[1]) (bzw. Einfuhrüberschuß) eingetragen, der für die Gestaltung der Handelsbilanz maßgebend ist.

---

[1]) Quelle: Monatliche Nachweise des auswärtigen Handels Deutschlands.

Einen dauernden Überschuß an Einfuhr weist nur der Bergbau auf. Den weitaus größten Ausfuhrüberschuß erzielte in allen Jahren die Mechanische Industrie. Daran hatte die Maschinenindustrie den führenden Anteil. Ihr Ausfuhrüberschuß wurde nur von der Eisenhüttenindustrie und bis 1908 von der Textilindustrie übertroffen. Der gesamte deutsche Außenhandel schloß in den Jahren 1907—1912 mit einem durchschnittlichen Einfuhrüberschuß von rund 1,64 Milld. $\mathcal{M}$. ab, der ausschließlich auf die Einfuhr von Erzeugnissen der Landwirtschaft, Forstwirtschaft und Viehzucht entfällt; die Passivität der deutschen Handelsbilanz wurde allerdings mehr als ausgeglichen durch die Anlage deutscher Vermögenswerte im Auslande, so daß sich die deutsche Zahlungsbilanz immer aktiv gestaltete. Aber gerade die Tatsache der Passivität der Handelsbilanz erhöht die Bedeutung der Ausfuhrindustrien, unter denen der Maschinenbau an hervorragender Stelle steht, zumal seine Rohstoffe zum Unterschied von beispielsweise der Textilindustrie nahezu ausschließlich dem Inland entstammen.

Ist der Vergleich des deutschen Außenhandels in Maschinen mit der Ausfuhr anderer Industriezweige nur ein relativer, so lehrt eine Betrachtung des Welthandels in Maschinen, daß sich die deutsche Maschinenindustrie auch auf dem Weltmarkt in den Jahren vor dem Kriege die führende Stellung erobert hatte. Zahlentafel 9 (Abb. 4 und 5) vergleicht die Maschinenausfuhr Deutschlands mit der Englands und der Vereinigten Staaten in den Jahren 1900 bis 1913[1]). Nach Möglichkeit sind nur „reine Maschinen" berücksichtigt. Wenn auch die Zolltarife der verschiedenen Staaten die Maschinen nicht nach gleichen Gesichtspunkten einordnen und daher jede vergleichende

Zahlentafel 9.

	Maschinenausfuhr in Mill. $\mathcal{M}$.			Ausfuhrüberschuß in Mill. $\mathcal{M}$.		
	Deutschland	England	Vereinigte Staaten	Deutschland	England	Vereinigte Staaten
1900 . . .	183	401	258	96	335	242
1901 . . .	157	364	240	102	283	227
1902 . . .	148	383	234	110	286	216
1903 . . .	179	401	257	134	321	241
1904 . . .	189	420	279	136	343	267
1905 . . .	221	462	313	165	397	300
1906 . . .	304	530	373	234	437	354
1907 . . .	387	628	414	304	532	395
1908 . . .	416	574	352	346	501	338
1909 . . .	384	512	343	321	441	313
1910 . . .	460	535	434	396	465	400
1911 . . .	544	558	520	473	472	489
1912 . . .	630	598	609	553	494	577
1913 . . .	678	674	614	597	564	588

[1]) Vgl. Frölich: a. a. O. (S. 6) S. 14—19.

Statistik nicht fehlerfrei ist, gibt die Zahlentafel 9 doch einen Anhalt für das Verhältnis der drei Hauptwettbewerber auf dem Maschinenweltmarkt unter-
einander.

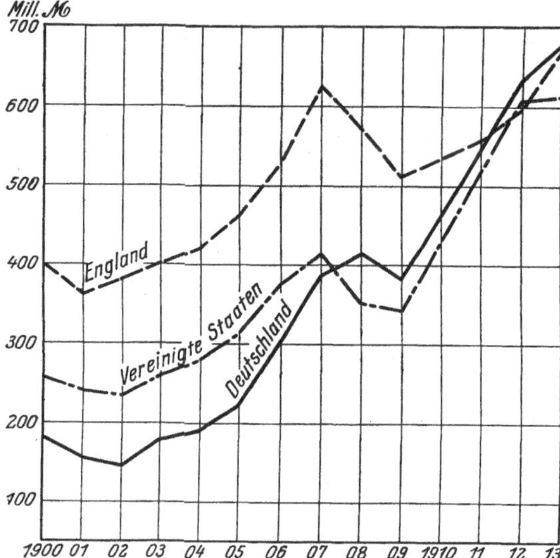

Abb. 4. Maschinenausfuhr Deutschlands, Englands
und der Vereinigten Staaten 1900—1913.

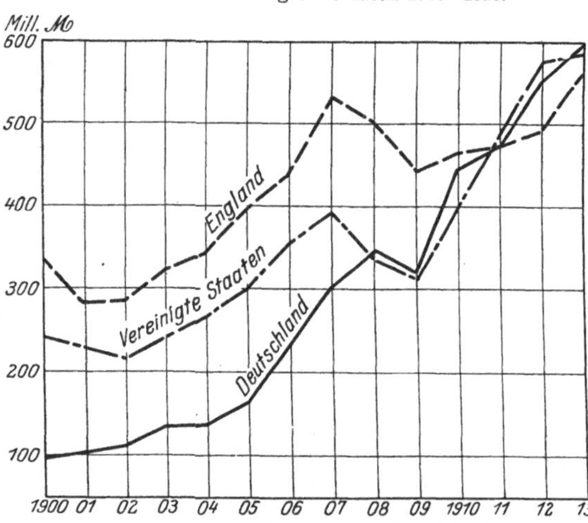

Abb. 5. Maschinenausfuhr-Überschuß Deutschlands,
Englands und der Vereinigten Staaten 1900—1913.

Auch an der Ent-
wicklung der Maschinen-
ausfuhr Englands und
der Vereinigten Staaten
gemessen ist das Tempo
des Aufschwungs der
deutschen Maschinenin-
dustrie ungleich schnel-
ler. Das gilt sowohl
für die absoluten Zah-
len wie für den Ausfuhr-
überschuß. Im Jahre
1908 bereits ist die ame-
rikanische Ausfuhr über-
holt, 1912 auch die eng-
lische. Bemerkenswert
für die Entwicklung
der innerdeutschen Ver-
hältnisse ist es, daß die
deutsche Maschinenein-
fuhr im Verhältnis zur
Maschinenausfuhr von
durchschnittlich 36 vH
in den Jahren 1900 bis
1902 auf durchschnitt-
lich 12 vH in den Jah-
ren 1911 bis 1913 zu-
rückging, also auf den
dritten Teil sank, wäh-
rend die entsprechen-
den Zahlen für Eng-
land und die Vereinig-
ten Staaten 21,3 vH
und 16,4 vH bzw. 6,2 vH
und 5,1 vH lauten. Eng-
land führte im Durchschnitt der 14 Jahre von 1900 bis 1913 mehr
Maschinen ein als Deutschland.

Auch unter Berücksichtigung der Verhältnisse der Nachkriegszeit muß der Versuch einer Bewertung der Stellung der

Maschinenindustrie im deutschen Wirtschaftsleben von der Bedeutung ihres Ausfuhrwertes für die deutsche Handelsbilanz ausgehen. Wohl hat der Maschinenbau an Charakter als Schlüsselindustrie nichts eingebüßt. Mehr denn je hängen Produktivität und Wettbewerbsfähigkeit aller anderen Industrien und Gewerbe einschließlich der Landwirtschaft, des Bergbaues und der Eisen schaffenden Industrie von dem Stand und der Leistungsfähigkeit der deutschen Maschinenindustrie ab. Aber von unmittelbarem Einfluß auf die Gestaltung der deutschen Wirtschaft ist gegenwärtig die Frage des deutschen Außenhandels, an dem die Maschinenindustrie maßgeblich beteiligt ist. Den Kern des Währungsproblems bildet die Zahlungsbilanz, deren Schwergewicht heute in der Handelsbilanz zu suchen ist. Deutschlands frühere reiche Einkünfte ausländischen Ursprungs aus Zinsendienst, Frachten, Kolonien usw. sind nicht nur außerordentlich stark vermindert, ihnen stehen heute vielmehr noch die Reparationslasten der Geld- und Sachleistungen gegenüber. Die deutsche Handelsbilanz aber, auf deren Ergebnis es also heute wesentlich mehr ankommt als vor dem Kriege, ist heute ebenfalls durch den Friedensvertrag stark geschwächt. Dem großen Verlust an Gebieten mit landwirtschaftlicher Produktion (13 vH) steht ein verhältnismäßig kleiner Verlust an Bevölkerung (5 vH) gegenüber, Deutschland verlor ein Viertel seiner Kohlenlager, einen großen Teil seiner Roheisenerzeugung und über drei Viertel seines Erzvorkommens, aber nur einen ganz geringen Bruchteil der verarbeitenden Industrie: das Einfuhrbedürfnis an Lebensmitteln ist also gestiegen, während die Ausfuhr von Rohstoffen gegenüber 1913 zurückgegangen ist. Die deutsche Handelsbilanz im Jahre 1925 gestaltete sich nach den Angaben der Zahlentafel 10[1]).

Zahlentafel 10.

	Handelsbilanz 1925					1913	
	Einfuhr		Ausfuhr		Einfuhrüberschuß (—) bzw. Ausfuhrüberschuß (+)	Einfuhr	Ausfuhr
	Mill. ℳ.	vH	Mill. ℳ.	vH	Mill. ℳ.	vH	vH
I. Lebende Tiere . .	122,0	1	15,3	—	— 106,7	2,6	—
II. Lebensmittel u. Getränke	4 032,2	31	516,9	6	— 3515,3	25,0	10,5
III. Rohstoffe u. halbfertige Waren . .	6 269,0	48	1640,4	19	— 4628,6	55,9	22,0
IV. Fertige Waren . .	2 005,0	15	6625,8	75	+ 4620,8	12,7	66,5
V. Gold u. Silber . .	718,1	5	39,6	—	— 678,5	3,8	1,0
Insgesamt	13 146,3	100	8838,0	100	— 4308,3	100,0	100,0

[1]) Vgl. Dezemberheft 1925 der Monatlichen Nachweise des auswärtigen Handels Deutschlands.

Die Zahlen lassen den Rückgang des Anteils der Ausfuhr von Rohstoffen und Halbfabrikaten an der Gesamtausfuhr (von 22 vH 1913
auf 19 vH 1925) und die Steigerung des Anteils der Ausfuhr von Fertigwaren (von 66,5 auf 75 vH) erkennen. Die Fertigwaren sind die einzige
Gruppe, die in der deutschen Handelsbilanz mit einem Ausfuhrüberschuß, und zwar von bedeutender Höhe, abschneidet, während bei
allen anderen Gruppen die Einfuhr erheblich die Ausfuhr übertrifft.
Den starken Anteil der Maschinenindustrie an dem großen Ausfuhrüberschuß der Fertigwaren zeigt Zahlentafel 11, in der die wichtigsten
Zweige der Gruppe „Fertige Waren", geordnet nach der Größe ihrer
Ausfuhr, aufgeführt sind[1]).

Zahlentafel 11.

	Einfuhr	Ausfuhr	Ausfuhr-überschuß
	Werte in Mill. ℳ.		
1. Textilien	1151,6	1321,4	169,8
2. Chemische Fertigwaren	111,7	691,7	580,0
3. Maschinen (Abschnitt 18 A)	76,5	656,3	579,8
4. Großeisenindustrie	124,4	402,4	278,0
5. Kleineisenwaren.	6,7	340,0	333,3
6. Sonstige Eisenwaren	9,2	322,0	312,8
7. Elektrotechnische Erzeugnisse	20,2	320,5	300,3
8. Papier und Papierwaren	10,9	307,7	296,8
9. Ton, Porzellan und Glas	26,0	300,6	274,6
10. Leder und Lederwaren	107,3	296,2	188,9
Insgesamt	1644,5	4958,8	3314,3

Die aufgeführten Industriezweige umfassen 75 vH der Ausfuhr und
72 vH des Ausfuhrüberschusses aller Fertigwaren. Unter ihnen erzielten
den weitaus größten Ausfuhrüberschuß die Chemische Industrie und die
Maschinenindustrie mit fast genau gleichen Zahlen. Wie schnell sich
die Maschinenausfuhr nach dem Kriege wieder erholte, geht aus einem
Vergleich der in Tafel 12 angegebenen Zahlen der Gesamtausfuhr und
der Maschinenausfuhr in den Jahren 1913 bis 1922 hervor.

Zahlentafel 12.

	Ausfuhr in 1000 t							Verhält-nis 1922 zu 1913
	1913	1914	1915	1916	1917	1918	1922	
Gesamtaus-fuhr . .	73714	54148	29931	37751	28167	23653	21556	29 vH
Maschinen-ausfuhr .	596	408	115	143	108	95	490	82 vH

[1]) Quelle: Dezemberheft 1925 der Monatlichen Nachweise des auswärtigen
Handels Deutschlands.

Die Zahlentafel gibt wegen des veränderten Geldwertes Gewichtsmengen an und nimmt das Jahr 1922 als Vergleichsjahr, weil es das letzte normale Jahr vor der Ruhrbesetzung war; für die Jahre 1919 bis 1921 gibt es keine bzw. nur eine unvollständige Statistik. Während 1922 die Gesamtausfuhr mit 29 vH der Ausfuhr von 1913 ihren tiefsten Stand erreichte, betrug die Maschinenausfuhr bereits wieder 82 vH des Wertes von 1913.   Der VDMA schätzte zuverlässig den Wert der Maschinenausfuhr für 1922 auf 785 Mill. $\mathcal{M}$., was etwa 27 vH des Wertes der deutschen Gesamtmaschinenerzeugung entsprach. Diese Zahlen demonstrieren die Bedeutung der Maschinenindustrie für das deutsche Wirtschaftsleben.

Der VDMA schätzt die Jahreserzeugung des deutschen Maschinenbaues gegenwärtig auf ein Gewicht von 2,5 Mill. t und einen Wert von 3 Milld. $\mathcal{M}$., der zur Zeit wohl nur noch von dem Wert der Jahreserzeugung der Chemischen, der Textil- und der Eisenhüttenindustrie übertroffen wird.   Die gleiche Quelle gibt die normale Zahl der Beschäftigten mit 700 000 an, was etwa 40 vH der Beschäftigten in der Eisen verarbeitenden und 300 vH der in der Eisen schaffenden Industrie Beschäftigten entspricht.   Genauere Angaben wird erst die Auswertung der Berufs- und Betriebszählung vom 16. Juni 1925 ermöglichen.   Die Zählungen der Gewerbeaufsichtsbehörden erlauben leider keine Spezialisierung[1]), weil sie nur die Beschäftigtenzahlen von mehreren zu einer Gruppe zusammengefaßten Industrien vermitteln; so gehört der Maschinenbau zur „Industrie der Maschinen, Instrumente und Apparate".   Gleichwohl ergibt sich aus diesen Zählungen, daß die Zahl der Beschäftigten im Maschinenbau bis 1922 seit 1913 um rund 40 vH und seit 1919 um rund 25 vH gestiegen war; seitdem ist wegen der schlechten Geschäftslage ein Rückgang eingetreten.   In der Belegschaftsstärke wird der Maschinenbau zur Zeit nur noch von der Textilindustrie übertroffen. Auf 1000 Arbeiter entfallen dem Geschäftsbericht 1925 des VDMA zufolge 494 gelernte Arbeiter, d. h. nahezu 50 vH der Arbeiterschaft des deutschen Maschinenbaues sind hoch qualifizierte Facharbeiter.

3. Wirkungen des Krieges und die allgemeine wirtschaftliche Lage nach dem Kriege.

Auf der mehr als ausreichenden Rohstoffbasis deutschen Eisens und deutscher Kohle, deren Industrie zugleich einer seiner besten Kunden war, bot sich dem deutschen Maschinenbau eine gesicherte und aussichtsreiche Zukunft sowohl in der Vielgestaltigkeit der deutschen Industrien,

---

[1]) Vgl. beispielsweise das Kartenwerk der Reichsarbeitsverwaltung „Die Arbeiterverteilung in der deutschen Industrie Ende 1921", Berlin 1924, Verlag Reimar Hobbing.

die zur Verringerung ihrer Selbstkosten und zur Lösung neuer Aufgaben
ständig nach vervollkommneten Maschinen verlangten, wie auch in der
stetigen Zunahme des ausländischen Absatzes, als mit dem plötzlichen
Ausbruch des Krieges eine Änderung aller Verhältnisse eintrat. Wie
schwer die fast völlige Unterbindung des Außenhandels den deutschen
Maschinenbau treffen mußte, geht daraus hervor, daß von der Maschinen-
ausfuhr des Jahres 1913 in Höhe von 596000 t nicht weniger als 251000 t,
also rund 42 vH, von Ländern aufgenommen wurden, mit denen sich
Deutschland nun im Kriege befand[1]). Zu den den Export hindernden
Momenten traten neben der feindlichen Blockade die Ausfuhrverbote der
Regierung und später die amtliche Preisüberwachung, als bei der Ver-
schlechterung der deutschen Valuta unter dem Zwang des innerdeutschen
Wettbewerbes eine Verschleuderung deutscher Erzeugnisse drohte. Die
Ausfuhrverbote fanden ihre Begründung in militärischen Bedenken, die
einen Bezug deutscher Maschinen durch das feindliche Ausland auf dem
Umwege über neutrale Staaten vermuteten und alles Eisen dem deutschen Bedarf zuzuführen trachteten. Erst im Laufe der Kriegsjahre
wurden diese Beschränkungen der Ausfuhrtätigkeit gemildert. Diese
Verhältnisse kennzeichnen die Zahlen der deutschen Maschinenausfuhr
von 1913 bis 1918 (vgl. Zahlentafel 12, S. 20). Die Absatzmärkte in den
feindlichen Ländern und in Übersee gingen völlig verloren, die Maschinenausfuhr nach den angrenzenden verbündeten und neutralen Staaten
sank weit unter die Zahlen früherer Jahre.

Im Innern wirkte sich der Kriegsausbruch zunächst in einer —
freilich vorübergehenden — wirtschaftlichen Krisis aus, weil die dem
Maschinenhandel eigene Gewährung langfristiger Kredite durch An-
nullierung von Aufträgen und Einstellung von Zahlungen des In- und
Auslandes zu Geldschwierigkeiten führte, weil aber auch neue Aufträge
aus dem Inland ausblieben und zum Teil Betriebe eingeschränkt oder
sogar stillgelegt werden mußten. Erst Anfang 1915 übertrug die Heeres-
verwaltung Kriegslieferungen an die Industrie, deren Angebote sie zu
Beginn des Feldzuges in dem Glauben, ausreichend versorgt zu sein,
abgelehnt hatte. Von da an und vollends nach Aufstellung des „Hinden-
burgprogramms" Mitte 1916 ist die deutsche Führung des Weltkrieges
unlöslich mit den gewaltigen Leistungen der deutschen Maschinenindustrie verknüpft[2]). Die erste Aufgabe war die Herstellung und Bearbeitung von Munition in bisher für unmöglich gehaltenen Massen und
die Erzeugung der für die Massenfertigung notwendigen Maschinen, um
auch maschinentechnisch fremde Betriebe in die Rüstungsindustrie ein-
zureihen. Viel wesentlicher war aber an sich die Produktion in der
Waffenindustrie, der Flugzeug- und Fahrzeugindustrie, im Schiffs-

---

[1]) Vgl. Drucksache des VDMA 1914 Nr. 12, S. 5.
[2]) Vgl. u. a. Frölich: a. a. O. (S. 9) S. 14 ff.

maschinenbau (U-Boot- und Torpedobootbau) und schließlich für die mittelbaren Heereslieferungen an Kraftmaschinen, Arbeitsmaschinen und mechanischen Einrichtungen für alle diejenigen Betriebe, die sowohl für den Heeresbedarf, z. B. in der Pulver- und Sprengstoffherstellung, als auch für die Nahrungsmittelversorgung tätig waren. An Beschäftigung hat es letzten Endes also der Maschinenindustrie nicht gefehlt. Voraussetzung zu diesen Leistungen war aber eine völlige Umstellung der Betriebe vom Friedenszweck auf den Kriegszweck, und zwar sowohl in ihrem technischen Apparat als auch in ihrer Arbeiterschaft und Leitung. Daneben führten die bis zur Leistungsgrenze gestellten Anforderungen an die technischen Betriebsmittel zu verminderter Brauchbarkeit. Beide Kriegswirkungen wurden erst fühlbar, als nach dem Zusammenbruch ein verarmtes Deutschland die Friedensproduktion in vollem Umfange wieder aufnehmen sollte und wollte und Ersatz bzw. Ergänzung des technischen Apparates schwer oder unmöglich waren.

Einschneidende Veränderungen hatte der Krieg in der Zusammensetzung der **Arbeiterschaft** zur Folge.

Zahlentafel 13.

	Zusammensetzung der Arbeiterschaft in vH				
	1. Juli 1914	1. Juli 1915	1. Juli 1916	1. Juli 1917	1. Jan. 1918
Gelernte Facharbeiter .	50,94	39,76	30,74	28,06	28,87
Angelernte Arbeiter . .	20,23	19,74	19,06	17,62	16,71
Ungel. Hilfsarbeiter . .	14,75	14,92	12,21	10,56	12,38
Lehrlinge	11,54	14,10	12,46	9,66	9,36
Jugendl. Hilfsarbeiter .	2,54	4,80	6,13	6,32	4,38
Weibliche Arbeiter . .	—	6,68	15,98	24,47	24,73
Sonstige Arbeiter . . .	—	—	3,42	3,31	3,57
Insgesamt	100,00	100,00	100,00	100,00	100,00

Die dem Geschäftsbericht 1918 des VDMA[1]) entnommene Zahlentafel 13 zeigt, daß im Laufe der vier Kriegsjahre unter dem Einfluß der Einziehung zum Militärdienst die Facharbeiterschaft, auf die der Maschinenbau in hohem Maße angewiesen ist, auf die Hälfte verringert wurde und an ihre Stelle weibliche Arbeitskräfte traten.

Von relativ untergeordneter Bedeutung waren die Schwierigkeiten in der **Rohstoffversorgung**, weil sie größtenteils aus der Isolierung vom Auslande resultierten und mit deren Beendigung behoben waren; der Mangel an Kohle und Eisen setzte in größerem Maßstabe erst nach dem Kriege ein. Die größte Mühe verursachte der Ersatz der Sparmetalle, besonders Kupfer und Zinn, oder die Vermeidung ihrer Verwendung durch Änderung der Konstruktion (z. B. bei Lagern). Weniger empfindlich war die ungenügende Versorgung mit Gummi und Textilstoffen

---

[1]) Drucksache des VDMA 1918 Nr. 3c.

wegen der geringen, vom Maschinenbau benötigten Mengen, unangenehmer dagegen der Mangel an Riemen und Schmiermitteln.

Als eine im Hinblick auf die spätere Entwicklung wichtige Kriegswirkung muß der Anstoß zur Verbandsbildung (vgl. Abschnitt D 2) angesprochen werden. Förderten das Kriegserlebnis und die gemeinsam zu überwindenden Schwierigkeiten an sich schon den Erfahrungsaustausch und den Gedanken der Arbeitsgemeinschaft, so führte die oben erwähnte Währungspolitik der Regierung (vgl. S. 22) in einzelnen Zweigen der Maschinenindustrie zu Preisverständigungen, auf welche zum Teil die heutigen Verbände des Maschinenbaues zurückgehen.

So plötzlich wie der Kriegsausbruch kamen im Spätherbst 1918 das Kriegsende und der politische und wirtschaftliche Zusammenbruch. Die Massen der Arbeiter strömten von den Fronten zurück in die Betriebe. Weibliche Kräfte wurden wieder ersetzt durch männliche. Der vH-Satz der Facharbeiter näherte sich wieder dem Stande vor dem Kriege, ohne ihn aber zu erreichen; denn der Krieg hatte auch in die Reihen der Facharbeiter empfindliche Lücken gerissen. Die Löhne und Gehälter stiegen, teils in berechtigter Anpassung an die fortschreitende Geldentwertung, teils in unberechtigter Ausnützung politischer Situationen. In krassem Widerspruch dazu stand der beträchtliche Rückgang der Leistungen pro Zeiteinheit, der ebenfalls zum Teil durch Herabminderung der Lebenshaltung erklärlich war, zum anderen Teil aber sowohl in Streiks und politischen Unruhen als auch in vermindertem Arbeitswillen seine Wurzel hatte. Am sinnfälligsten drückte sich in bezug auf die Wirtschaft der innerpolitische Umschwung in der Institution der Betriebsräte aus, die den Arbeitnehmern selten eine Stütze waren und für jede wirtschaftliche Einsicht eine Fessel bedeuteten.

Was Mangel an Rohstoffen bedeutet, erkannte die Industrie erst jetzt im vollen Umfang. Die Kohlenförderung war auf einen Bruchteil der früheren Erzeugung gesunken, und für den Transport der wenigen zur Verfügung stehenden Mengen fehlte es an rollendem Material. Die Versorgung mit Eisen litt im gleichen Maße. Die Hüttenwerke im Westen Deutschlands wurden infolge der Besetzung und der Absperrung vom Ausland in völlig unzureichender Weise mit Erzen versehen. Die Rohstoffverbände verpflichteten sich nicht mehr zur Lieferung zu festen Preisen. Damit begann die Unsicherheit in der Preisbildung der Maschinenindustrie.

Die Absatzmöglichkeiten gestalteten sich schlechter denn je. Die bisherige Quelle aller Aufträge, der Krieg, war versiegt. Die Heereslieferungen hörten auf, und anderweitige Beschäftigung war nicht zu beschaffen. Der schwere Übergang von der Kriegswirtschaft auf die Friedenswirtschaft, der nach vier Jahren erneut eine völlige Umgestaltung der Betriebseinrichtungen bedingte, vollzog sich nur mühevoll.

Aufträge waren auf dem heimischen Markt wegen der Preishöhe und mangelnder Kaufkraft nicht zu erlangen. Das Auslandsgeschäft lag vollständig danieder, wenn auch bei der schlechten Valuta noch Abschlüsse vereinzelt zustande kamen. Neben geringen Aufträgen der Eisenbahnverwaltung und der Landwirtschaft mußten Notstandsarbeiten, Ausbesserungen der eigenen Anlagen und Produktion auf Lager einer Stilllegung der Betriebe vorbeugen.

Das waren die Grundzüge der Lage in der ersten Zeit nach dem 9. November 1918. Die Maschinenindustrie wie die gesamte deutsche Wirtschaft sah sich vor die denkbar schlechtesten Produktions- und Lebensbedingungen gestellt. Dazu kamen die allgemeinen wirtschaftlichen Hemmungen, die für jene Zeit charakteristisch waren, die Versuche einer Sozialisierung privatwirtschaftlicher Betriebe, die Kämpfe von Arbeitgeber- und Arbeitnehmerverbänden um Lohntarife und die Arbeitszeit, die schlechten Verkehrsverhältnisse, die Folgen einer sachunkundigen Wirtschaftspolitik der Regierung und die schweren Erschütterungen der Wirtschaft durch politische Unruhen. Die Drosselung der deutschen Wirtschaft durch außenpolitische Einwirkung wurde vollends stabilisiert durch den Friedensvertrag von Versailles Mitte 1919. In den unter seinem Zwang abgetretenen und besetzten reichsdeutschen Gebieten befinden sich Firmen des Maschinenbaues, die damals mit ihren rund 120000 Beschäftigten etwa 30 vH aller von den Mitgliedsfirmen des VDMA Beschäftigten (am 1. Juli 1919 = 392944 bei 911 Firmen) ausmachten[1]). Der Friedensvertrag ließ die Frage der von Deutschland zu zahlenden Reparationen offen: das war die Quelle immer neuer Forderungen, Sanktionen und bedrohlicher politischer Situationen, die die deutsche Wirtschaft nicht zur Ruhe kommen ließen.

Das Kennzeichen der folgenden Jahre war die, von geringen Schwankungen abgesehen, ständige Verschlechterung der deutschen Währung. Die Inflation brachte eine Scheinblüte der deutschen Wirtschaft und die Belebung des Außenhandels. Auch das Ausfuhrgeschäft der Maschinenindustrie erholte sich überraschend schnell und erreichte 1922 sogar 82 vH des Exports von 1913. Aber die scheinbaren Gewinne waren vielfach Verluste, weil bei den langen Lieferfristen die Preise nicht der Geldentwertung angepaßt werden konnten. Auf dem deutschen Markt stiegen die Rohstoffpreise, wenn sie auch unter den Weltmarktpreisen blieben, an der deutschen Kaufkraft gemessen, anormal hoch. Eine ähnliche Bewegung erlebten die Löhne, so daß die Gestehungskosten des Maschinenbaues über die Gewinnmöglichkeiten stiegen. Die Folge war Absatzmangel im Inland. Von Beginn des

---

[1]) Vgl. Bericht über die Ord. Hauptversammlung 1919 des VDMA, Drucksache des VDMA 1919 Nr. 19.

Jahres 1923 ab traf dann die Ruhrbesetzung die deutsche Wirtschaft in ihrem Kernstück, legte zeitweilig die Kohlen- und Eisenproduktion lahm und zwang die gesamte Industrie des besetzten Gebietes zu Betriebseinschränkungen bzw. Stillegung, die später dann in Gestalt der Micumverträge von unerträglichen finanziellen Belastungen abgelöst wurden. Damit erreichte die Inflation mit allen ihren Folgeerscheinungen ihr Höchstmaß bis zum Zusammenbruch der Papiermark.

Von dem Augenblick der Stabilisierung an überschritten die deutschen Preise allenthalben die Weltmarktpreise und unterbanden damit die deutsche Wettbewerbsfähigkeit auf dem Weltmarkt. Im Inlande dagegen zeigte sich nun erst die Verarmung der deutschen Wirtschaft in erschreckender Deutlichkeit. Kreditmangel, Rückgang der Produktion, Kaufunvermögen und demzufolge Absatzstockungen sind die Symptome der neuen wirtschaftlichen Epoche, deren Grundbedingungen für die deutsche Maschinenindustrie zu untersuchen Gegenstand der folgenden Abschnitte dieser Arbeit ist.

Alle Einflüsse, die in den Jahren nach dem Kriege den Niedergang der deutschen Maschinenindustrie bewirkten, analysieren oder gar zahlenmäßig nachweisen zu wollen, wäre nicht nur im Rahmen dieser Arbeit sondern wohl auch an sich schwer möglich. Aber sie müssen erwähnt werden bei dem Versuch, die heutige Lage der deutschen Maschinenindustrie aus der Vergangenheit zu erklären. Aus diesem Grunde war es nötig, die für die deutsche Wirtschaft im allgemeinen und den deutschen Maschinenbau im besonderen maßgebenden Verhältnisse der letzten Jahre hier kurz zu skizzieren. Eine Betrachtung der Gegenwart und Zukunft eines Wirtschaftszweiges wird niemals eine Erörterung aller seine Lage bestimmenden Faktoren sein können. Deshalb beschränken sich die folgenden Kapitel auf eine Untersuchung der wesentlichsten Produktions- und Existenzgrundlagen der Maschinenindustrie, und zwar der Rohstoffversorgung, der Arbeiterfragen, des mit der Preisbildung zusammenhängenden Fragenkomplexes und der Absatzverhältnisse. Daran schließt sich der statistische Nachweis der gegenwärtigen wirtschaftlichen Lage, der an Hand der Zahlen für den Auftragseingang und den Versand, für den Beschäftigungsgrad und die Ausfuhr geführt wird. Den nicht nur zufälligen, sondern sinngemäßen und begründeten Übergang zu einem Ausblick in die Zukunft, mit dem die Arbeit schließt, bildet eine Darstellung der in den letzten Jahren außerordentlich ausgebauten Organisation der Maschinenindustrie, deren Träger in erster Linie berufen sind, durch Gemeinschaftsarbeit dem deutschen Maschinenbau eine bessere Zukunft zu sichern.

B. Die erschwerten Produktionsbedingungen der Maschinenindustrie.

1. Die Rohstoffversorgung.

Die von dem Maschinenbau benötigten Rohstoffe sind im wesentlichen Kohle und Eisen in der Form von Gießereiroheisen, Schmiedeeisen, Stahl- und Walzeisen. An Sparmetallen für Wellenlager, Stopfbüchsen usw. werden in zum Teil relativ geringen Mengen Kupfer, Zinn, Blei, Aluminium und Nickel gebraucht. Daneben besteht ein stets gedeckter, geringer Bedarf an Packungsstoffen, Gummi und Schmieröl. Das dürften in der Hauptsache die vom Maschinenbau verarbeiteten bzw. zum Betriebe notwendigen Materialien sein. Im Hinblick auf das Verhältnis der zur Verfügung stehenden zu den benötigten Mengen ist bei einer Erörterung der Rohstoffversorgung des Maschinenbaues nur von seinen Grundstoffen, Kohle und Eisen, zu reden, allenfalls noch von einigen Sparmetallen (vgl. S. 23).

a) Kohle.

An dem Stand der deutschen Kohlenversorgung ist der Maschinenbau nicht nur hinsichtlich seines eigenen Bedarfs interessiert, sondern von gleicher Bedeutung ist für ihn auch die ausreichende Belieferung der von der Kohle abhängigen Eisenindustrie, die dem Maschinenbau seinen Grundstoff liefert. Aus diesem Zusammenhang ergibt sich für die Maschinenindustrie das mittelbare und unmittelbare starke Interesse an der deutschen Kohlenbasis, deren Betrachtung daher bei einer Erörterung der Rohstoffversorgung des Maschinenbaues an erster Stelle zu stehen hat. Eine interessante Übersicht[1]) über die **Verteilung des deutschen Kohlenverbrauches** (alle Sorten auf Steinkohle umgerechnet) im Monatsdurchschnitt des zweiten Halbjahres 1921 zeigt den starken Anteil der Industrie:

Industrie	37,0 vH
Hausbrand, Landwirtschaft und Kleingewerbe .	15,0 „
Zechenselbstverbrauch und Deputatkohle	13,6 „
Reparationen	10,1 „
Gas, Elektrizität, Wasserwerke	8,6 „
Eisenbahn	8,5 „
Ausfuhr	5,0 „
Bunkerkohle	1,5 „
Sonstige Verbraucher	0,7 „
	100,0 vH

---

[1]) Vgl. das Kartenwerk der Reichsarbeitsverwaltung: a. a. O. (S. 21) S. 21.

Bereits aus dieser Aufstellung geht übrigens hervor, daß schon im Jahre 1921, also vor der Ruhrbesetzung, wo die deutsche Wirtschaft noch einigermaßen kräftig war, der Anteil der Reparationslieferungen am Kohlenverbrauch 10 vH erreichte.

Die deutsche Kohlenwirtschaft der Nachkriegszeit stand unter dem bestimmenden Einfluß des Friedensvertrages und später der Ruhrbesetzung. Die Folge dieser beiden Tatsachen war, daß aus dem Kohlenüberschußgebiet, welches Deutschland vor dem Kriege war, 1923 ein Kohlenbedarfsland wurde, teils durch Gebietsabtretungen und Reparationslieferungen an Kohle und Koks, teils durch die Hinderung der Förderung im Ruhrgebiet. Doch 1924 bereits und mehr noch seit 1925 haben sich die Verhältnisse in solchem Maße gebessert, daß die deutschen Kohlenzechen gegenwärtig keinen ihrer Produktion entsprechenden Absatz finden und zu Feierschichten gezwungen sind. Diese Erscheinung findet ihre Erklärung in dem relativ zu dem Bedarf bei voller Beschäftigung geringen Verbrauch der Industrie, die aus anderen Gründen ebenfalls zu Produktionseinschränkungen gezwungen ist. Der Verlust an Kohlenlagern wird gleichwohl eine dauernde Belastung der deutschen Maschinenindustrie wie der ganzen deutschen Wirtschaft bleiben. Denn die ganze Tragweite der veränderten Sachlage erhellt daraus, daß der vor dem Kriege erzielte deutsche Kohlenausfuhrüberschuß, der bei einem nach der Gesundung der deutschen Wirtschaft normalen Kohlenverbrauch erheblich geringer sein oder ganz verschwinden wird, annähernd den Gegenwert für die gesamte deutsche Einfuhr an Eisen-, Mangan-, Zink-, Blei- und Kupfererzen darstellte[1]), welche nun aus anderen Erträgnissen bezahlt werden soll, zumal sie nach Verlust von 75 vH der deutschen Eisenerzproduktion erheblich zunehmen wird (vgl. S. 36/37).

Steinkohlenproduktion 1913	1000 t	vH	1000 t	vH
Ruhrgebiet einschl. der linksrh. Zechen .			114536	59,6
Westoberschlesien			11119	5,8
Niederschlesien			5527	2,9
Aachen.			3264	1,7
Sachsen			5470	2,9
Niedersachsen			1125	0,6
Bayern			954	0,5
			141995	74,0
Oberschlesien	32682	17,0		
Saargebiet	12413	6,5		
Lothringen	3986	2,1		
Pfalz	804	0,4	49885	26,0
			191880	100,0

[1]) Vgl. „Deutschlands Wirtschaftslage nach dem Kriege", herausgegeben vom Statistischen Reichsamt, Berlin 1923, Zentralverlag, S. 18/19.

Wie schwer der Verlust der Zechen Ost-Oberschlesiens, des Saargebietes, Lothringens und der Pfalz und später die Besetzung des Ruhrgebietes die deutsche Steinkohlenförderung treffen mußte, läßt sich aus der vorstehenden Verteilung der Jahresproduktion von 1913 auf die einzelnen Reviere[1]) ermessen.

Deutschlands Verlust an Kohlen, gemessen an der Förderung von 1913, beträgt also 26 vH und nach dem Wiederanschluß des Saargebietes an Deutschland, wenn er überhaupt erfolgt, immer noch fast 20 vH. Am meisten macht sich der Ausfall der Förderung Ost-Oberschlesiens mit 17 vH fühlbar. Das Ruhrgebiet lieferte 1913 rund 60 vH der deutschen Kohlenförderung. Daraus läßt sich entnehmen, daß seine Besetzung zu den schwersten Störungen in der deutschen Kohlenversorgung führen mußte. — Die Braunkohlenförderung ist abgesehen von dem geringfügigen Verlust an Gruben im polnischen Posen durch die Gebietsabtretungen nicht berührt worden. Dagegen fielen 27 vH der Braunkohlenerzeugung des Jahres 1922 in das im folgenden Jahre besetzte Ruhrgebiet.

Die Reparationslieferungen an Kohlen, zu denen der Friedensvertrag Deutschland verpflichtet hat, lasten schwer auf der deutschen Wirtschaft. Sie erreichten in den Jahren 1920 bis 1925 die in Zahlentafel 14 angegebene Höhe.

Zahlentafel 14.

	Reparationslieferungen in 1000 t			vH der deutschen Gesamt-steinkohlen-förderung*)
	Braunkohlen-briketts	Steinkohlen	Koks	
1920 . . .	1244	8713	4358	11,0
1921 . . .	628	12105	4402	13,2
1922 . . .	665	9590	6524	14,1
1923 . . .	199	4159	2451	11,9
1924 . . .	490	11379	3796	13,9
1925 . . .	449	9722	3798	11,1

*) Koks in Steinkohle umgerechnet.

Aus dieser Aufstellung ergibt sich der Mißerfolg der Ruhrbesetzung für Frankreich, da die Ausbeute der Zechen weit hinter Deutschlands freiwilligen Lieferungen in den Vorjahren zurückblieb. Sie zeigt aber auch, welche erheblichen Mengen von Kohlen der deutschen Wirtschaft entzogen wurden, obwohl sie in der Zeit vor der Stabilisierung und der mit ihr eintretenden Absatzkrise unter großer Kohlennot zu leiden hatte.

---

[1]) Quelle für diese und die folgenden Zahlenangaben, soweit nichts anderes vermerkt ist: „Statistische Übersicht über die Kohlenwirtschaft im Jahre 1924", herausgegeben vom Reichskohlenrat, Berlin; die Zahlen für 1925 erfragte der Verfasser beim Reichskohlenrat.

Zahlentafel 15.

	in 1000 t		
	Steinkohlen-förderung	Braunkohlen-förderung	Koks-erzeugung
1913 . . .	190 109*)	87 233	34 630
1914 . . .	161 385	83 694	28 597
1915 . . .	146 868	87 948	27 217
1916 . . .	159 170	94 180	34 202
1917 . . .	167 447	95 542	34 709
1918 . . .	158 254	100 599	34 428
1919 . . .	107 743	93 648	22 710
1920 . . .	131 349	111 887	26 103
1921 . . .	136 214	123 010	27 913
1922 . . .	129 965	137 073	29 113
1923 . . .	62 225	118 249	12 703
1924 . . .	118 829	124 360	23 720
1925 . . .	132 729	139 790	26 810

*) Die Abweichung gegenüber der vorhergehenden Angabe erklärt sich aus einem Wechsel der Statistik.

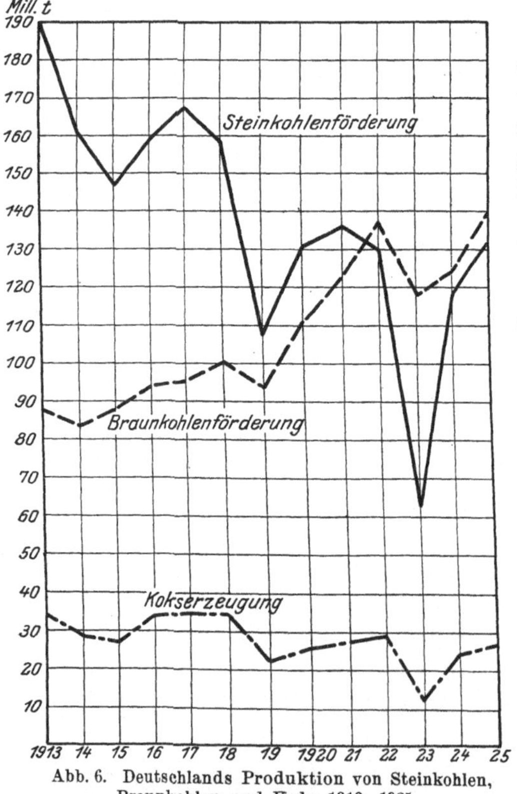

Abb. 6. Deutschlands Produktion von Steinkohlen, Braunkohlen und Koks 1913—1925.

Die Entwicklung der deutschen Steinkohlen- und Braunkohlenförderung und die Kokserzeugung seit 1913 gibt die Zahlentafel 15 (Abb. 6) an (nach dem jeweiligen Gebietsstand[1]).

Bemerkenswert ist, daß sich die Kokserzeugung, abgesehen vom Jahre 1919, immer in der Nähe des Standes vor dem Kriege gehalten hat, obwohl die Steinkohlenförderung relativ bedeutend stärker zurückging. Im Hinblick darauf, daß die Roheisenerzeugung von der Koksherstellung abhängig ist, kann diese Erscheinung im Interesse der Maschinenindustrie nur begrüßt werden. Weiter ist in Abb. 6 charakteristisch das Absinken der Kurven

[1]) Seit 1918 ohne Lothringen, seit 1919 ohne Saar und Pfalz, seit Juli 1922 ohne Ost-Oberschlesien.

im Jahre 1923, was auf die Ruhrbesetzung zurückzuführen ist. Erst nach Abschluß der Micumverträge wurde die Förderung im Ruhrgebiet wieder in größerem Maßstabe aufgenommen. Der Mangel an Steinkohlen während des Krieges und der Verlust von rd. 25 vH der deutschen Produktion hatten auf den Verbrauch minderwertiger Brennstoffe hingewiesen. Daraus erklärt sich die starke Steigerung der Braunkohlenförderung, die einsetzte, als die Technik die für die Verfeuerung von Braunkohle notwendigen Spezialanlagen (Treppen-, Mulden-, Kaskadenrostfeuerung) ausgebildet hatte. Selbst Werke wie die Hanomag außerhalb der Braunkohlenreviere stellten sich auf den Verbrauch von Braunkohle um. Ihr Aktionsradius wird dennoch immer erheblich geringer als der der Steinkohle sein, weil das Verhältnis ihres Heizwertes zum Gewicht bedeutend ungünstiger ist und daher die Frachtbelastung ungleich stärker ist beim Versand auf weitere Strecken[1]); nur das Braunkohlenbrikett ist in dieser Beziehung wettbewerbsfähiger, weil sich sein Heizwert zu dem der Steinkohle etwa wie 2 : 3 verhält, während sich das Verhältnis für Rohbraunkohle auf 2 : 9 stellt. Gleichwohl wird der Braunkohle auch in Zukunft eine große Bedeutung für die Maschinenindustrie zukommen, namentlich auch eine mittelbare bei der elektrischen Krafterzeugung.

Ein richtiges Bild von der Veränderung in der deutschen Kohlenwirtschaft gibt erst eine Be-

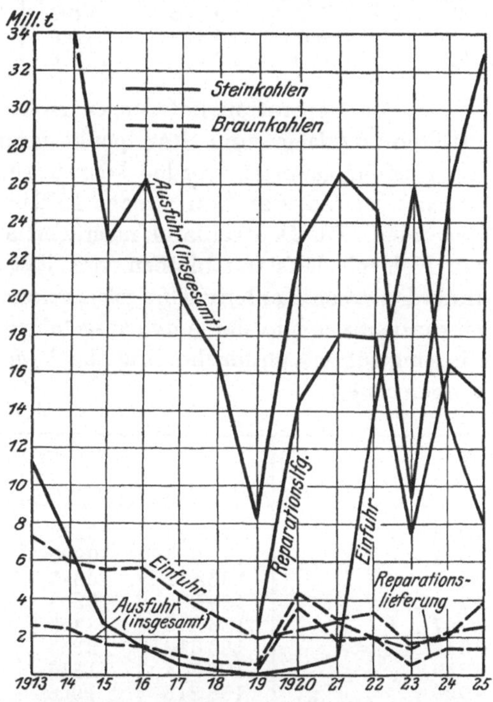

Abb. 7. Deutschlands Einfuhr, Ausfuhr (insgesamt) und Reparationslieferungen von Steinkohlen und Braunkohlen 1913—1925.

trachtung der Ein- und Ausfuhr seit 1913 unter vergleichsweiser Berücksichtigung der Reparationslieferungen, wie sie Zahlentafel 16 (Abb. 7) ermöglicht; dabei sind Koks mit 4 : 3 in Steinkohle und Braunkohlenbriketts mit 3 : 1 in Rohbraunkohle umgerechnet.

---

[1]) Vgl. die Aufsätze von Dr. Heinze und Dr. Krebs in „Technik und Wirtschaft", Jahrg. 1924.

Zahlentafel 16.

| | Steinkohlen in 1000 t | | | Braunkohlen in 1000 t | | |
| | | Ausfuhr | | | Ausfuhr | |
	Einfuhr	Insgesamt	Reparations-lieferungen	Einfuhr	Insgesamt	Reparations-lieferungen
1913 . .	11360	45478	—	7350	2643	—
1914 . .	6976	34310	—	6021	2462	—
1915 . .	2669	23018	—	5574	1605	—
1916 . .	1518	26280	—	5686	1543	—
1917 . .	651	20031	—	4202	1084	—
1918 . .	233	16787	—	3183	760	—
1919 . .	48	8389	2517	1900	529	459
1920 . .	336	22971	14533	2358	4412	3732
1921 . .	940	26616	17975	2767	3014	1884
1922 . .	14146	24586	17790	2036	3325	1995
1923 . .	25712	9336	7409	1487	1607	597
1924 . .	13462	25876	16440	2172	2086	1470
1925 . .	7690	33177	14786	2487	3879	1347

Da die Reparationslieferungen an Kohle ohne Bezahlung erfolgen mußten und daher vom Standpunkt der deutschen Handelsbilanz nicht als Ausfuhr gewertet werden können, sondern von den Ausfuhrzahlen abzuziehen sind, war Deutschland 1922 bis 1924 zum Kohleneinfuhrland geworden. Ob Deutschland nach Fortfall der Reparationslieferungen ein Kohlenbedarfsland bleiben wird, läßt sich aus der Entwicklung des innerdeutschen Kohlenverbrauchs ermessen. In Zahlentafel 17 (Abb. 8) ist die deutsche geförderte und ausgeführte Braunkohle mit zwei Neuntel, die eingeführte böhmische Braunkohle mit zwei Drittel auf Steinkohle umgerechnet.

Zahlentafel 17.

| | Kohlen insgesamt in 1000 t | | | | Verbrauch in vH |
	Förderung	Einfuhr	Ausfuhr*)	Verbrauch	(1913 = 100)
1913	209494	16260	46065	179689	100
1914	179984	10990	34857	156117	87
1915	166412	6385	23375	149422	83
1916	180099	5308	26623	158784	88
1917	188978	3453	20272	172159	96
1918	180610	2355	16956	166009	92
1919	128554	1315	8507	121362	67
1920	156213	1908	23951	134170	74
1921	163550	2784	27286	139048	77
1922	160426	15503	25325	150604	84
1923	88502	26703	9693	105512	59
1924	146465	14910	26340	135035	75
1925	163793	9348	34039	139102	77

*) Einschließlich Reparationslieferungen.

Die Aufstellung zeigt, daß der Verbrauch im Durchschnitt der Jahre 1919 bis 1925 infolge Beschäftigung der Industrie unter Normalstand selbst bei Berücksichtigung des verkleinerten Reichsgebietes anormal gering war. Denn der Verlust an Gebieten beträgt nur 13,5 vH, und der größte Teil davon (Schleswig, Posen, Teile von Westpreußen und Elsaß) ist Agrar- und nicht Industrieland. Die Friedensförderung im heutigen Reichsgebiet betrug unter Einschluß und Umrechnung der Braunkohlen 161 Mill. t (vgl. die Zahlen auf S. 28 und 30). Diese Ziffer ist 1925 im heutigen Reichsgebiet erstmalig erreicht und sogar etwas überschritten worden auf dem Wege des Ausgleichs der relativ zur Förderung im heutigen Gebiet von 1913 etwas geringeren Steinkohlenproduktion durch entsprechende Zunahme der Braunkohlenförderung, während die annähernd gleichen Zahlen von 1920 bis 1922 noch die volle bzw. 1922 die halbe Produktion Ost-Oberschlesiens enthalten. Die Förderung von 1925 erreicht mit 164 Mill. t 91 vH des Kohlenverbrauchs von 1913 im alten Reichsgebiet. Daraus kann gefolgert werden, daß der Kohlenverbrauch auch einer wieder erstarkten deutschen Wirtschaft nach Fortfall der Reparationslieferungen und erst recht nach dem Wiederanschluß des Saargebietes aus dem Inland voll gedeckt werden

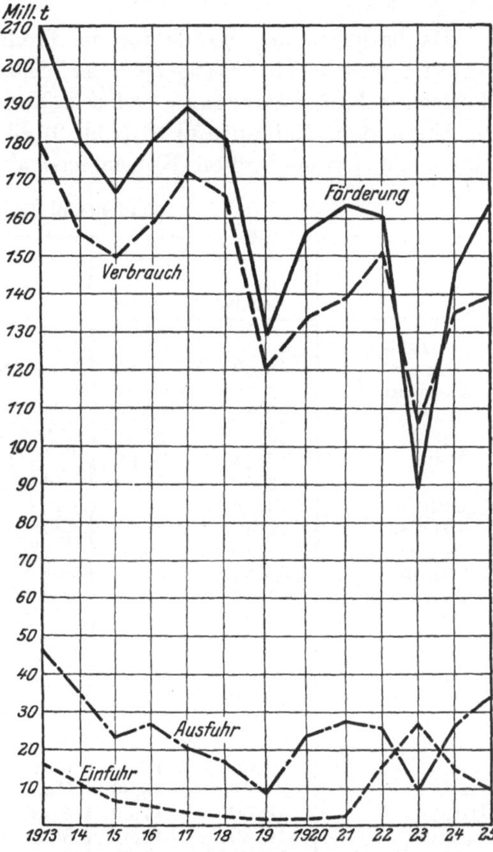

Abb. 8. Deutschlands Förderung, Einfuhr, Ausfuhr und Verbrauch von Kohlen insgesamt 1913—1925.

kann. In dieser Folgerung bestärkt die weitere Überlegung, daß eine gegenüber der Vorkriegszeit bedeutend rationellere Wärmewirtschaft, der Ausbau der Wasserkräfte und der größere Nutzungsgrad der Kohle durch ihre Hydrierung den spezifischen Kohlenverbrauch gegenüber 1913 vermindert haben bzw. voraussichtlich weiter vermindern werden. Schließlich ist es ja auch sehr fraglich, ob die deutsche Industrie angesichts der mehr oder weniger in jedem Zweige seit der Vorkriegszeit vergrößerten Produktionsmöglichkeit in der Welt ihre Erzeugung in dem früheren Umfange wieder erreichen oder nicht vielmehr auf absehbare Zeit in gewissem Maße zu dauernden Produktionseinschränkungen gezwungen sein wird. Zweifelhaft bleibt bei der Beurteilung der neuen deutschen Kohlenbasis höchstens, ob bzw. in welcher Höhe der frühere, für die deutsche Handelsbilanz so wertvolle Ausfuhrüberschuß erzielt werden kann.

Da bezüglich der Kohle für die Produktionsverhältnisse die Versorgung nicht allein maßgebend ist, sind auch die Entwicklung des deutschen Kohlenpreises und sein Verhältnis zum Weltmarktpreis zu betrachten. Zahlentafel 18 (Abb. 9) gibt eine Übersicht[1]) über die deutschen und englischen Kohlenpreise ab Januar 1923.

Zahlentafel 18.

	Kohlenpreis ab Zeche in $\mathcal{M}$./t			Kohlenpreis ab Zeche in $\mathcal{M}$./t	
	Deutschland	England		Deutschland	England
1923			November . .	15,00	15,30
1. Januar . .	15,29	28,80	Dezember . .	15,00	16,06
1. Februar . .	6,92	28,80			
1. März . . .	22,72	33,20	**1925**		
1. April . . .	22,71	29,97	Januar. . . .	15,00	16,95
1. Mai	14,24	34,82	Februar . . .	15,00	16,60
1. Juni. . . .	13,00	34,82	März	15,00	15,52
1. Juli	13,86	30,49	April	15,00	15,05
1. August . .	19,69	29,73	Mai	15,00	16,00
1. September .	38,80	30,09	Juni.	15,00	14,60
1. Oktober . .	38,46	29,92	Juli	15,00	14,60
1. November .	24,92	24,86	August. . . .	15,00	14,60
1. Dezember .	20,60	26,36	September . .	15,00	12,55
1924			Oktober . . .	14,92	12,55
1. Januar . .	20,60	26,48	November . .	14,92	13,55
1. Februar . .	20,60	26,24	Dezember . .	14,92	14,00
1. März . . .	20,60	—			
1. April . . .	20,60	—	**1926**		
Mai	20,60	19,60	Januar. . . .	14,92	14,00
Juni	20,60	18,00	Februar . . .	14,92	15,00
Juli	16,50	17,00	März	14,92	14,00
August . . .	16,50	16,40	April	14,87	13,50
September . .	16,50	16,20	Mai	14,87	—
Oktober . . .	15,00	15,20	Juni.	14,87	—
			Juli	14,87	—

Solange die innere und ausländische Bewertung der deutschen Mark bedeutend differierten, lagen die deutschen Preise tief unter den eng-

---

[1]) Bis April 1924 für Deutschland Preise der Fettförderkohle (V.D.I.-Nachrichten), für England Nordwestküste Steams, beide jeweils am 1. des Monats über den Dollar umgerechnet, nach Reuter: Die Exportmöglichkeiten der deutschen Maschinen-Industrie, Berlin 1924, Julius Springer; ab Mai 1924 Preise für Ruhr-Fettförderkohle und englische Durham unscr. coking best am 1. Montag jeden Monats nach den Rohstoff-Preisblättern des VDMA in deutscher Reichsmark.

lischen bis zum Herbst 1923; deutlich tritt in dieser Zeit die Abhängigkeit des deutschen Preisniveaus von den Sprüngen der Inflation hervor. Gleichwohl waren die Preise, an der inneren Kaufkraft der Mark gemessen, hoch. Mit Beginn der Stabilisierung hörte dann ab September 1923 die Konjunktur der Inflationszeit auf, die deutschen Preise gingen weit über die englischen hinaus. Begleiterscheinungen wie Kreditnot und Absatzmangel zwangen dazu, die deutschen Preise allmählich der Weltmarktpreislage anzupassen. Erschwert wurde dies durch die Belastungen

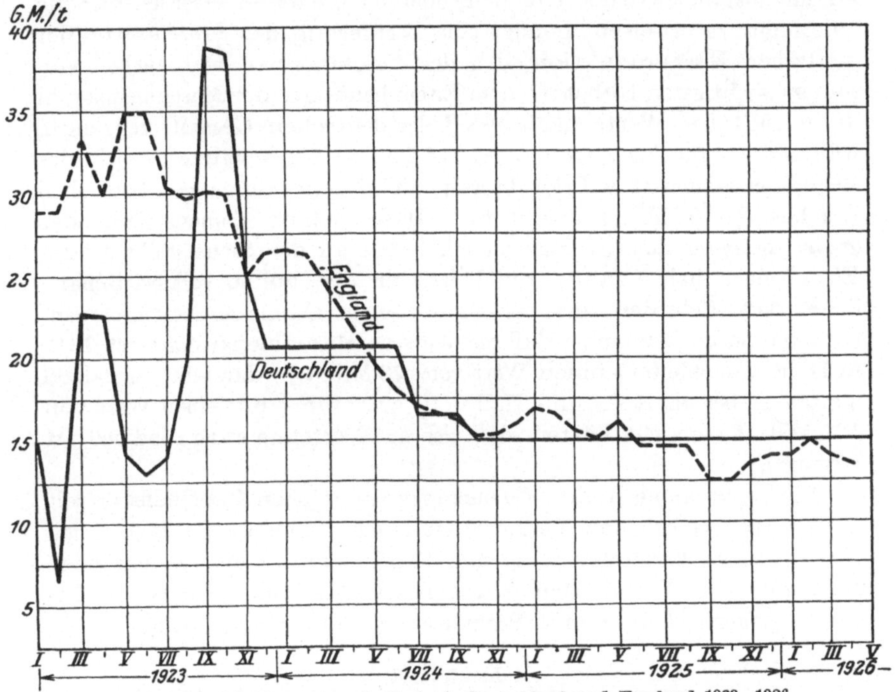

Abb. 9. Steinkohlenpreise ab Zeche in Deutschland und England 1923—1926.

aus den Micumverträgen, die der Ruhrbergbau zunächst ganz und ab Juni zur Hälfte bis zum Oktober 1924 zu tragen hatte. In die Monate Juni und Oktober 1924 fallen daher die Preisherabsetzungen. Seit dieser Zeit war deutsche Kohle ab Zeche billiger als englische, weil in England der Lohn höher und die Arbeitszeit kürzer war. Aber auch die englischen Absatzschwierigkeiten zwangen zu einem langsamen, aber ständigen Preisabbau. Die Folge war, daß der englische Preis Mitte 1925 von neuem den deutschen unterschreiten konnte.

Da ein Ende der deutschen Wirtschaftskrise, der Kreditnot und des Absatzmangels noch nicht abzusehen ist, wird daher für die nächste Zeit der deutsche Maschinenbau bezüglich des Kohlenpreises schlechter gestellt sein als der ausländische Wettbewerb. Eine weitere Benachteiligung erfährt er durch den deutschen Frachtentarif[1]), der die Brennstoffversorgung weiter relativ verteuert.

b) Eisen.

Der deutsche Maschinenbau und die deutsche Eisenindustrie sind in starkem Maße gegenseitig voneinander abhängig; beide sind durchaus aufeinander angewiesen. Um die Bedeutung, die dieser Wechselbeziehung zukommt, zu erweisen, genügt eine Bezifferung des Prozentsatzes der deutschen Eisenproduktion, den der Maschinenbau verbraucht. Von seinem wichtigsten Rohstoff, dem Eisen, benötigte der Maschinenbau im Jahre 1913 dem Werte nach 19 vH der deutschen Gesamterzeugung[2]), während das für das gleiche Jahr auf 2,5 Mill. t geschätzte Gewicht des Verbrauches rund 15 vH der Jahresproduktion des damaligen Deutschen Reiches (16,76 Mill. t) ausmachte. Diese Zahlen demonstrieren das große Interesse, das die Maschinenindustrie an der Sicherstellung ihres Eisenbedarfs haben muß. Ein Beweis für den hohen volkswirtschaftlichen Nutzeffekt der Verarbeitung deutschen Eisens in der Maschinenindustrie ist die Tatsache, daß die deutsche Maschinenausfuhr von 1913 in Höhe von 596000 t einen Wert von 678 Mill. ℳ. darstellte, dieselben 596000 t aber als Roh- und Halbstoffe ausgeführt nur einen Wert von 122 Mill. ℳ. erreicht hätten, daß also die Wertsteigerung rund 560 vH betrug[3]).

Die Entwicklung in der Erzeugung der deutschen Eisenindustrie seit 1913 verlief ähnlich den Verhältnissen in der Kohlenproduktion. Auch für sie waren Friedensvertrag und Ruhrbesetzung die bestimmenden Faktoren, aber die mit dem Kriegsende verbundenen Verluste an Erzeugungsmöglichkeiten und Produktion waren weit schwerer.

Zahlentafel 19.

	1913			1920
	Altes Reichsgebiet	Reichsgebiet von 1920	Verlust in vH	
Eisenerzförderung in 1000 t .	28608	7472	74,0	6362
Vorhandene Hochöfen . . .	330	238	26,9	228
Hochöfen in Betrieb	313	221	29,4	146
Vorhandene Stahlbirnen und Stahlöfen	697	613	12,2	665

[1]) Vgl. z. B. „Maschinenbau-Wirtschaft", 1925 Nr. 8, S. 395.
[2]) Nach einem Bericht auf der Ord. Hauptversammlung 1913 des VDMA, Drucksache 1913 Nr. 4, S. 7.
[3]) Vgl. Drucksache des VDMA, Die Versorgung der Welt und des deutschen Marktes mit Roheisen und Rohstahl, 1919 Nr. 10, S. 121/22.

In Zahlentafel 19[1]), welche die Verluste angibt, gelten die Ziffern der 2. und 4. Spalte für den Stand von 1913 und 1920 im Reichsgebiet ohne Lothringen und das Saargebiet, aber einschließlich Ost-Oberschlesiens. Für die Eisenerzförderung ist der zusätzliche Verlust in Oberschlesien gering. Denn nur 0,163 Mill. t in Ost-Oberschlesien stehen dem Verlust von 21,136 Mill. t in Lothringen gegenüber, die den Gesamtverlust von 21,299 Mill. t (74,5 vH) ausmachen. Das entspricht bei einem Nässegehalt von 8,54 vH und einem auf das Trockengewicht bezogenen, durchschnittlichen Eisengehalt von 32,5 vH einem jährlichen Verlust an Roheisen von 6,33 Mill. t (vgl. S. 38). Die Abtretung des lothringischen Minettebezirks muß also zweifellos als die schwerste Kriegsfolge von dauernder Wirkung bezeichnet werden, welche die Eisen verarbeitende Industrie und in ihr der Maschinenbau zu tragen hat. Bezieht man die Förderung des luxemburgischen Minettebezirks von 7,333 Mill. t im Jahre 1913 ein, so beträgt der Verlust an Eisenerzförderung, bezogen auf die Produktion des früheren deutschen Zollgebietes, sogar rund 80 vH. Die Förderung in den 5 wichtigsten Erzvorkommen, die 81 vH der Deutschland verbliebenen Eisenerzproduktion lieferten, betrug 1913 in 1000 t:

Siegerland-Wieder-Spateisenbezirk	2729
Nassauisch-Oberhessischer (Lahn-Dill-)Bezirk	1103
Subherzynischer Bezirk (Peine-Salzgitter)	921
Vogelsberger Basalteisenbezirk	692
Bayerischer u. württemberg.-badischer Bezirk	499
	5944

Groß ist auch der Verlust an Stätten der Eisenerzeugung. Zahlentafel 19 gibt den Verlust an Hochöfen, die im Saargebiet und in Lothringen im Betrieb waren, mit 30 vH an. Rechnet man die Einbuße durch den Verlust Ost-Oberschlesiens und der Zollgemeinschaft mit Luxemburg hinzu, so steigert sich diese Ziffer auf über 40 vH. Den Niedergang der deutschen Eisenindustrie kennzeichnet die Tatsache, daß im Jahre 1920 von den uns verbliebenen 228 Hochöfen nur 146 im Betrieb waren[2]). Die Gründe sind in unzureichender Erzversorgung und Kohlenmangel zu suchen. Der weit geringere Verlust (12,2 vH) an Stätten der Rohstahlerzeugung findet seine Begründung darin, daß die deutsche Stahlindustrie im Ruhrgebiet konzentriert

---

[1]) Zusammengestellt nach Angaben des Kartenwerks der Reichsarbeitsverwaltung: a. a. O. (S. 21) S. 26 ff. — Vgl. auch „Wirtschaft und Statistik", 1923 Nr. 5, und Drucksache des VDMA 1919 Nr. 7.

[2]) Ende 1925 waren im deutschen Reichsgebiet 211 Hochöfen vorhanden, davon waren 83 im Feuer, 65 in Reparatur, 33 zum Anblasen fertig und 30 gedämpft (vgl. „Stahl und Eisen", 1926 Nr. 3).

ist.   Gegenüber 1913 ist die Zahl der Stahlbirnen und Stahlöfen auf gleichem Gebiet bis 1920 sogar gestiegen.   Das erklärt sich
aus der im Verhältnis zur Roheisenerzeugung gesteigerten Rohstahlerzeugung, die den Mangel an Roheisen durch erhöhten Verbrauch
von Schrott ausgleichen mußte und daher in stärkerem Maße zu
dem hierzu geeigneten Prozeß in den Siemens-Martin-Öfen überging.
Während 1913 noch der Anteil des Siemens-Martin-Stahls (basisch)
an der Gesamtstahlproduktion nur 42 vH betrug, war er 1920 auf
64 vH gestiegen; sinngemäß ging die Stahlerzeugung aus Thomas-
birnen von 54,5 auf 33 vH zurück.   In welchem Maße auch Erze
durch Schrott ersetzt werden mußten, ergibt sich aus der Steigerung
der Schrottverwendung[1]) in Hochöfen, bezogen auf 100 t Roheisen,
von 1,24 t im Jahre 1913 auf 14,9 t im Jahre 1920.   Der Einfuhrüberschuß an Schrott erhöhte sich im gleichen Zeitraum von 16000 t
auf mehr als 500000 t.

Der Verlust an Eisenerzförderung und Erzeugungsstätten mußte
naturgemäß auf die Roheisen- und Rohstahlgewinnung zurück-
wirken.   Das geht aus der Zusammensetzung der Erzeugung von 1913
in Zahlentafel 20[2]) hervor.

Zahlentafel 20.

	Roheisenerzeugung		Rohstahlerzeugung	
	1000 t	vH	1000 t	vH
Elsaß-Lothringen	3870	23	2286	13
Saargebiet	1371	8	2080	12
Ost-Oberschlesien	664	4	1054	6
Deutsches Reich von heute . . .	10856	65	12179	69
Deutsches Reich von 1913 . . .	16761	100	17599	100
Luxemburg	2548	—	1336	—
Deutsches Zollgebiet von 1913 .	19309	—	18935	—

Deutschland verlor also, abgesehen von der Einbuße durch die Los-
lösung Luxemburgs aus dem deutschen Zollgebiet, 35 vH seiner Roheisenerzeugung und 31 vH seiner Rohstahlerzeugung.   Dieser Verlust
bleibt auch dann noch von den schwersten Folgen, wenn das Saargebiet
mit 8 bzw. 12 vH der Erzeugung mit dem Deutschen Reich wieder vereinigt wird. Wie stark Deutschland auf das in den verlorenen Gebieten
erzeugte Roheisen heute trotz des enormen Rückganges im innerdeutschen Verbrauch angewiesen ist, beweist die Einfuhr, die 1922 zu
80 vH aus ihnen stammte[3]):

---

[1]) Vgl. „Wirtschaft und Statistik", 1923 Nr. 5, S. 132.
[2]) Vgl. „Stahl und Eisen", 1925 Nr. 26.
[3]) Vgl. Kartenwerk der Reichsarbeitsverwaltung: a. a. O. (S. 21) S. 28.

ist. Gegenüber 1913 ist die Zahl der Stahlbirnen und Stahlöfen auf gleichem Gebiet bis 1920 sogar gestiegen. Das erklärt sich
aus der im Verhältnis zur Roheisenerzeugung gesteigerten Rohstahlerzeugung, die den Mangel an Roheisen durch erhöhten Verbrauch
von Schrott ausgleichen mußte und daher in stärkerem Maße zu
dem hierzu geeigneten Prozeß in den Siemens-Martin-Öfen überging.
Während 1913 noch der Anteil des Siemens-Martin-Stahls (basisch)
an der Gesamtstahlproduktion nur 42 vH betrug, war er 1920 auf
64 vH gestiegen; sinngemäß ging die Stahlerzeugung aus Thomas-
birnen von 54,5 auf 33 vH zurück. In welchem Maße auch Erze
durch Schrott ersetzt werden mußten, ergibt sich aus der Steigerung
der Schrottverwendung[1]) in Hochöfen, bezogen auf 100 t Roheisen,
von 1,24 t im Jahre 1913 auf 14,9 t im Jahre 1920. Der Einfuhrüberschuß an Schrott erhöhte sich im gleichen Zeitraum von 16000 t
auf mehr als 500000 t.

Der Verlust an Eisenerzförderung und Erzeugungsstätten mußte
naturgemäß auf die Roheisen- und Rohstahlgewinnung zurück-
wirken. Das geht aus der Zusammensetzung der Erzeugung von 1913
in Zahlentafel 20[2]) hervor.

Zahlentafel 20.

	Roheisenerzeugung		Rohstahlerzeugung	
	1000 t	vH	1000 t	vH
Elsaß-Lothringen	3870	23	2286	13
Saargebiet	1371	8	2080	12
Ost-Oberschlesien	664	4	1054	6
Deutsches Reich von heute . . .	10856	65	12179	69
Deutsches Reich von 1913 . . .	16761	100	17599	100
Luxemburg	2548	—	1336	—
Deutsches Zollgebiet von 1913 .	19309	—	18935	—

Deutschland verlor also, abgesehen von der Einbuße durch die Los-
lösung Luxemburgs aus dem deutschen Zollgebiet, 35 vH seiner Roheisenerzeugung und 31 vH seiner Rohstahlerzeugung. Dieser Verlust
bleibt auch dann noch von den schwersten Folgen, wenn das Saargebiet
mit 8 bzw. 12 vH der Erzeugung mit dem Deutschen Reich wieder vereinigt wird. Wie stark Deutschland auf das in den verlorenen Gebieten
erzeugte Roheisen heute trotz des enormen Rückganges im innerdeutschen Verbrauch angewiesen ist, beweist die Einfuhr, die 1922 zu
80 vH aus ihnen stammte[3]):

---

[1]) Vgl. „Wirtschaft und Statistik", 1923 Nr. 5, S. 132.
[2]) Vgl. „Stahl und Eisen", 1925 Nr. 26.
[3]) Vgl. Kartenwerk der Reichsarbeitsverwaltung: a. a. O. (S. 21) S. 28.

Zahlentafel 22.

	Erzeugung	Einfuhr	Ausfuhr	Einfuhr-(—) oder Ausfuhrüberschuß (+)	Verbrauch	
	von Roheisen					
	1000 t	1000 t	1000 t	1000 t	1000 t	vH
1913 Altes Gebiet. .	16761	124	783	+ 659	16102	—
1913 Jetziges Gebiet	10856	—	—	— 300 *)	11150 *)	100
1919 Jeweilig. Gebiet	5653	—	—	—	—	—
1920 ,, ,,	6400	98	78	— 20	6420	58
1921 ,, ,,	7845	131	250	+ 119	7726	69
1922 ,, ,,	9396	294	166	— 128	9524	85
1923 ,, ,,	4936	301	79	— 222	5158	46
1924 ,, ,,	7812	260	56	— 204	8016	72
1925 ,, ,,	10177	202	192	— 10	10187	91

*) Schätzung.

Zahlentafel 23.

	Erzeugung	Einfuhr	Ausfuhr	Einfuhr-(—) oder Ausfuhrüberschuß (+)	Verbrauch	
	von Rohstahl (Rohblöcke und Stahlformguß, Ausfuhr einschl. Halbzeug)					
	1000 t	1000 t	1000 t	1000 t	1000 t	vH
1913 Altes Gebiet. .	17599	11	701	+ 690	16909	—
1913 Jetziges Gebiet	12179	—	—	+ 790 *)	11390 *)	100
1919 Jeweilig. Gebiet	7132	—	—	—	—	—
1920 ,, ,,	8537	34	21	— 13	8550	76
1921 ,, ,,	9997	124	40	— 84	10081	89
1922 ,, ,,	11714	325	112	— 213	11927	105
1923 ,, ,,	6305	298	62	— 236	6541	57
1924 ,, ,,	9835	162	47	— 115	9950	88
1925 ,, ,,	12195	214	108	— 106	12306	108

*) Schätzung.

In den Tafeln 21 bis 23 gelten die Zahlen der Jahre 1919 bis 1925 für das jeweilige deutsche Reichsgebiet, also ab 1919 ohne Lothringen und das Saargebiet und ab Juli 1922 ohne Ost-Oberschlesien. In der letzten Spalte der 3 Tafeln ist der Verbrauch der Jahre 1920 bis 1924 angegeben in vH des Verbrauches von 1913 im jetzigen Gebiet, der auf Grund der Verbrauchsstatistik zuverlässig geschätzt ist[1]).

Deutlich tritt in den Zahlenreihen und Kurven die Wirkung der Ruhrbesetzung im Jahre 1923 und zum Teil auch noch 1924 in Erscheinung. Die vorher besprochene (vgl. S. 38) Verschiebung zugunsten der Rohstahlerzeugung, die relativ weniger zurückging als die Roheisenerzeugung gegenüber der Produktien von 1913, macht sich ebenfalls bemerkbar. Wichtiger ist aber der Schluß auf die Zukunft, der aus den Zahlen zu ziehen ist. Der fühlbare Mangel an Roheisen und Rohstahl,

---

[1]) Vgl. Kartenwerk der Reichsarbeitsverwaltung: a. a. O. (S. 21) S. 28.

der Mitte 1921 einsetzte und 1923 verstärkt auftrat[1]), ist seitdem zwar
infolge des Konjunkturrückgangs und des damit verbundenen Rück-
gangs im Verbrauch von einer ausreichenden Versorgung abgelöst
worden, die aber wohl kaum dem normalen deutschen Bedarf entspricht.
Denn die Schätzung des normalen Bedarfs auf Grund der Prozentzahlen
in der letzten Spalte der Tafeln 21 bis 23 würde täuschen, weil diese lediglich auf den Verbrauch der Erzeugungsstätten von Roheisen und Rohstahl und der Gießereien und Walzwerke im jetzigen Gebiet von 1913

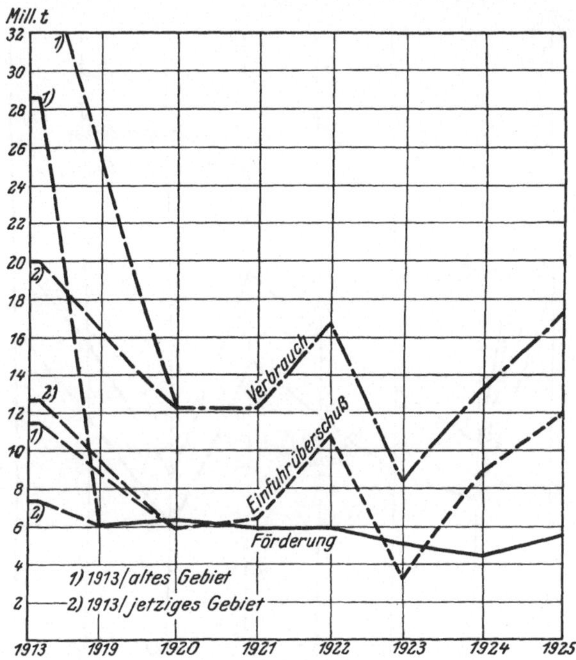

Abb. 10. Deutschlands Förderung, Einfuhrüberschuß und Verbrauch von Eisenerzen
1913 und 1919—1925.

bezogen sind. Sie erweisen nur, daß die uns verbliebenen Erzeugungsstätten in der Nachkriegszeit nicht voll ausgenutzt sind (abgesehen von
dem Stahlverbrauch 1922 und 1925). Zweifellos ist vielmehr auch der
allergrößte Teil der Differenz des Verbrauches von Roheisen und Rohstahl zwischen dem früheren und jetzigen Gebiet im Jahre 1913 im
jetzigen Gebiet weiterverarbeitet worden, weil die Eisen verarbeitende
Industrie (Mechanische Industrie) nur zu einem ganz geringen Bruchteil
ihren Sitz in den abgetretenen Gebieten hatte. Auch das Argument,
daß 1913 erhebliche Mengen und Werte von Eisen und Stahl als Roh-
und Halbstoffe ausgeführt wurden, ist ein nur relativ günstiger Um-

---

[1]) Vgl. die Geschäftsberichte des VDMA.

stand, denn der Fortfall dieser Ausfuhr schwächt die Handelsbilanz. Die volle Produktionsmöglichkeit der Deutschland verbliebenen Hochöfen wird nach technischen Vorvollkommnungen auf jährlich 12 Mill. t, die der Stahlöfen und Stahlbirnen auf 14 Mill. t geschätzt[1]). Es erscheint fraglich, ob selbst diese Mengen von Eisen und Stahl dem normalen innerdeutschen Bedarf genügen.

Die deutsche Versorgung mit Eisen, dem Grundbaustoff der Maschinenindustrie, ist also in jedem Falle vom Ausland abhängig und

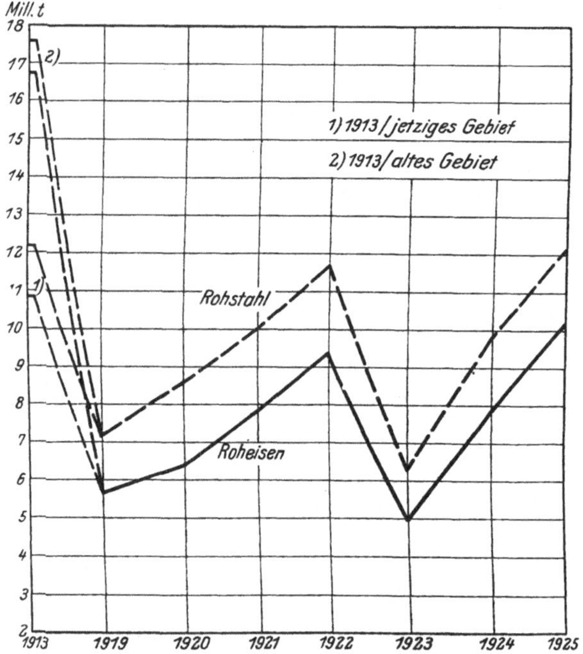

Abb. 11. Deutschlands Erzeugung von Roheisen und Rohstahl 1913 und 1919—1925.

bleibt es auch nach der Wiedervereinigung des Saargebietes mit dem Deutschen Reich. Denn die Deckung des normalen Bedarfes der deutschen Eisen verarbeitenden Industrie bedeutet die Alternative, entweder bei einer Ausnutzung der deutschen Erzeugungsstätten bis zu ihrer höchsten Leistungsfähigkeit die dazu notwendigen Erze bzw. Schrott in einem die Einfuhr vor dem Kriege bedeutend übersteigenden Umfange aus dem Ausland zu beziehen, oder die zur Ergänzung der gegenwärtigen deutschen Erzeugung erforderlichen Mengen von Roheisen und Halbzeug einzuführen. Eine Schwächung der Handelsbilanz, Verteuerung des allgemeinen Preisniveaus und des Eisens besonders,

---

[1]) Vgl. „Maschinenbau-Wirtschaft", 1925 Nr. 5, S. 239.

eventueller Eisenmangel und eine Herabminderung der Wettbewerbsfähigkeit des deutschen Maschinenbaues werden die Folgen sein.

Bei der Preisbildung in der Eisenwirtschaft bilden den vergleichenden Maßstab für die deutschen Eisenpreise nicht die englischen,
sondern die französischen und belgischen Preise. Gerade in dieser Tatsache zeigt sich die grundlegende Verschiebung in der deutschen Erz-
und Eisenbasis. Die Zahlentafeln 24 und 25[1]) (Abb. 12 und 13) geben

Zahlentafel 24.

	Monatsdurchschnittspreise für Gießerei-Roheisen Nr. III ab Werk in $\mathcal{M}$./t			
	Deutschland	Frankreich	Belgien	England
1923				
November	116,00	96,60	85,80	90,55
Dezember	116,00	91,30	85,80	90,25
1924				
Januar	90,00	79,00	78,85	88,80
Februar	84,00	73,30	73,30	86,55
März	85,00	82,90	82,05	81,90
April	91,00	108,30	107,45	84,65
Mai	102,00	92,50	88,05	83,35
Juni	102,00	80,50	80,50	79,95
Juli	97,00	73,00	80,30	78,80
August	97,00	71,75	80,40	80,00
September	97,00	67,15	70,50	76,15
Oktober	89,00	64,35	66,90	74,10
November	89,00	66,50	70,05	77,10
Dezember	89,00	69,15	76,20	79,05
1925				
Januar	89,00	68,90	77,15	79,70
Februar	89,00	71,35	76,05	77,70
März	91,00	73,30	73,70	76,70
April	91,00	75,20	74,85	76,45
Mai	91,00	74,95	73,55	76,10
Juni	91,00	69,10	69,70	73,85
Juli	91,00	68,50	67,65	71,60
August	88,00	68,10	61,55	70,15
September	88,00	68,45	60,30	67,80
Oktober	86,00	64,20	63,35	66,25
November	86,00	57,90	62,40	65,90
Dezember	86,00	57,25	60,00	66,70
1926				
Januar	86,00	60,45	61,20	68,60
Februar	86,00	61,75	61,85	70,00
März	86,00	61,40	61,70	70,00
April	86,00	58,75	56,25	70,00
Mai	86,00	58,60	52,05	70,00
Juni	86,00	56,25	61,45	75,50
Juli	86,00	53,60	54,70	79,50

[1]) Quelle bis April 1924: „Stahl und Eisen", 1925 Nr. 11 bzw. 19. Die
Zahlen für die Zeit ab Mai 1924 errechnete der Verfasser aus den wöchentlichen Preisangaben der Rohstoff-Preisblätter des VDMA. Alle Preise

Zahlentafel 25.

	Monatsdurchschnittspreise für Stabeisen ab Werk in ℳ./t			
	Deutschland	Frankreich	Belgien	England
1923				
November	191,00	141,20	142,10	188,95
Dezember	165,00	132,25	143,05	197,90
1924				
Januar	130,00	112,60	131,30	193,25
Februar	130,00	104,45	124,60	194,65
März	145,00	138,05	133,75	185,90
April	150,00	169,85	159,55	182,65
Mai	143,50	145,65	122,50	181,00
Juni	130,00	126,20	115,40	177,40
Juli	122,50	121,00	114,00	175,75
August	116,25	129,85	121,60	182,50
September	119,00	121,80	110,80	170,75
Oktober	111,00	109,75	105,00	160,25
November	114,50	113,75	109,45	164,10
Dezember	123,50	116,45	118,20	167,40
1925				
Januar	134,50	114,95	122,15	170,30
Februar	134,50	116,00	120,70	176,20
März	132,60	115,55	117,20	179,25
April	134,00	115,55	116,75	178,25
Mai	135,00	115,15	114,25	180,30
Juni	133,30	106,50	107,75	180,80
Juli	129,00	105,20	109,85	177,15
August	131,40	104,50	106,10	171,75
September	131,50	105,10	106,60	161,40
Oktober	130,00	98,60	110,65	160,00
November	129,20	94,15	110,75	160,00
Dezember	128,00	97,70	111,45	151,80
1926				
Januar	128,00	126,85	111,50	152,50
Februar	130,00	109,65	111,70	152,00
März	134,20	105,50	105,00	149,60
April	145,00	103,70	101,20	147,50
Mai	145,00	105,45	89,85	146,00
Juni	145,00	108,75	95,15	151,60
Juli	145,00	96,55	89,60	156,75

die Preisentwicklung für Gießereiroheisen Nr. III und Stabeisen in
Deutschland, Frankreich, Belgien und England seit November 1923
wieder.

---

gelten in deutscher Reichsmark (bzw. Rentenmark) und sind über den
Dollar berechnet für die dem deutschen Gießerei-Roheisen Nr. III und dem
deutschen Stabeisen in Thomasgüte entsprechenden Sorten des Auslandes;
nur für englisches Stabeisen in Siemens-Martin-Güte. In Deutschland
Roheisen ab Werk in Rheinland-Westfalen, Stabeisen Frachtgrundlage
Oberhausen ab Ruhrwerk. In Frankreich beides ab Werk Lothringen.
In Belgien beides ab Werk. In England Roheisen ab Werk Cleveland,
Stabeisen ab Stahlwerk.

Die Zahlen und Kurven geben zwar kein einwandfreies Bild von den Abweichungen der Preisgestaltung in den 4 Ländern, weil der Einfluß der Bewegung des französischen und belgischen Franken und des

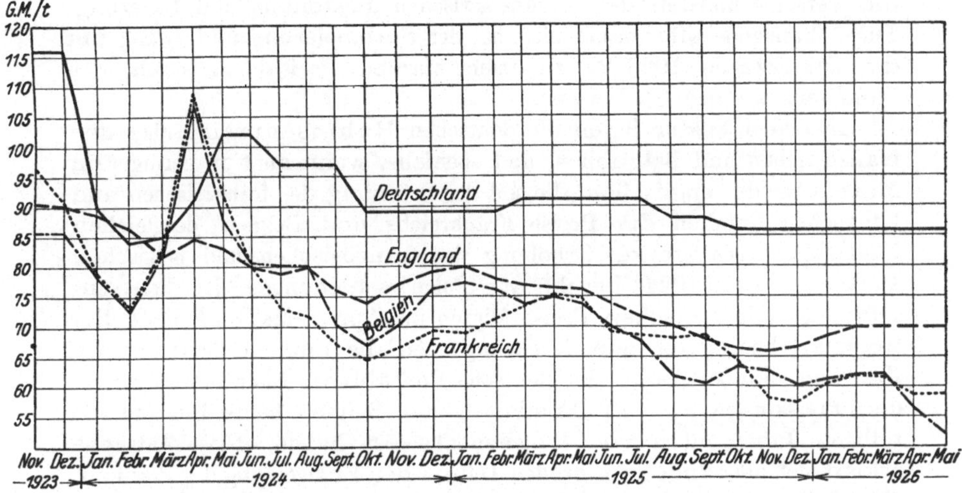

Abb. 12. Roheisenpreise ab Werk in Deutschland, Frankreich, Belgien und England 1923—1926.

englischen Pfundes gegenüber dem Dollar nicht auszuschalten ist, aber sie lassen die gegenseitige Abhängigkeit in der Preisbildung und die

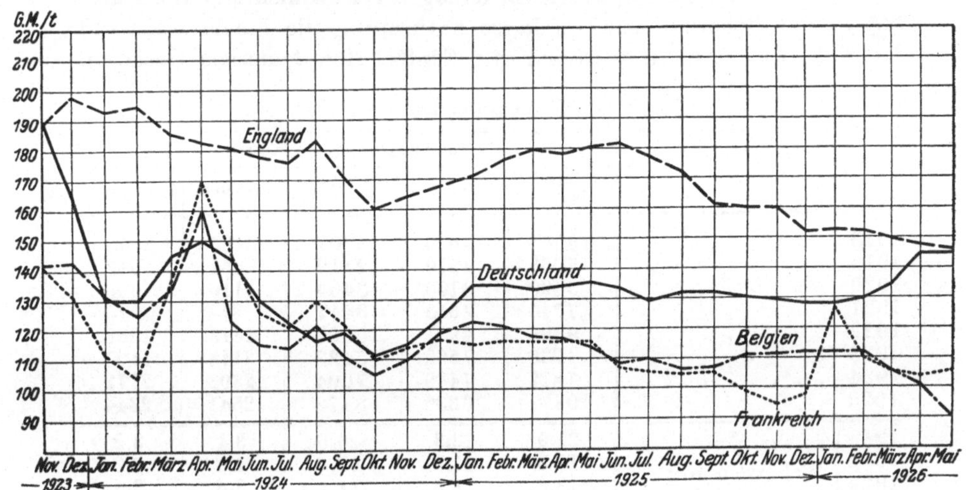

Abb. 13. Stabeisenpreise ab Werk in Deutschland, Frankreich, Belgien und England 1923—1926.

allgemeine Tendenz erkennen. Bis zur Stabilisierung der Mark im Herbst 1923 lagen die deutschen Eisenpreise ebenso wie die Kohlenpreise (vgl. Zahlentafel 18 auf S. 34 und Abb. 9) weit unter denen des

Auslandes. Gleichwohl waren sie, gefördert durch den starken Eisenmangel, an der inneren Kaufkraft der Mark gemessen hoch und für die verarbeitende Industrie schwer tragbar; dazu kamen die Verluste durch die Verschlechterung der Valuta zwischen Bestellung und Lieferung. Diese Preishöhe offenbarte sich bei der Stabilisierung und zwang um die Jahreswende 1923/24 zu einem starken Preisabbau sowohl des Roheisens wie des Stabeisens.

Aber auch später lagen die deutschen Roheisenpreise über den französischen und belgischen, und ebenfalls, wenn auch in geringerem Maße, über den englischen, die seit der Stützung des französischen und belgischen Franken die Preise Frankreichs und Belgiens desgleichen übertrafen. Die starke Erhöhung der französischen und belgischen Preise im April 1924 beruht auf Folgeerscheinungen der Frankenstützung. Die deutschen Preise folgten im April—Mai 1924 dieser Bewegung, ohne später den Rückgang ebenfalls mitzumachen; erst im Juli und Oktober folgte der deutsche Preisabbau. Charakteristisch an den Preiskurven ist, daß Frankreich und Belgien heute England als billigste Produzenten von Roheisen abgelöst haben. Diese Tatsache erklärt sich allerdings zum großen Teil aus der Entwertung des Franken. Die Zollgemeinschaft mit Luxemburg machte Belgien dessen Erzförderung zugänglich. Frankreich dagegen erwarb die Eisenerze Lothringens, stärkt die lothringische hochentwickelte Eisenindustrie durch die deutschen Reparationslieferungen an Kohlen und Koks und hat für 1 t Roheisen nur auf kurze Entfernung die Fracht von rund 1 t Koks zu bezahlen, während vier Fünftel der deutschen Hochöfen

Zahlentafel 26.

	Roheisenerzeugung in 1000 t				
	Deutschland*)	England	Frankreich*)	Belgien	Luxemburg
1913	16 761	10 650	5 207	2 485	2 548
1919	5 653	7 516	2 412	251	617
1920	6 400	8 163	3 434	1 116	693
1921	7 845	2 658	3 417	872	970
1922	9 396	4 981	5 229	1 613	1 686
1923	4 936	7 560	5 432	2 148	1 407
1924	7 812	7 436	7 694	2 808	2 173
1925	10 177	6 336	8 472	2 541	2 344
1913 ⎱ in vH der	21,0	13,3	6,5	3,1	3,2
1924 ⎰ Welterzeugung	11,8	11,3	11,6	4,3	3,3
1925	13,6	8,5	11,4	3,4	3,1
1913 ⎱ in vH der	36,4	23,1	11,3	5,4	5,5
1924 ⎰ Erzeug. Europas	24,0	22,9	23,6	8,7	6,7
1925	29,0	18,0	24,1	7,2	6,7

*) Frankreich ab 1919 einschl. Lothringen; Deutschland 1913 altes Reichsgebiet, ab 1919 ohne Lothringen und Saargebiet, ab 1922 ohne Ost-Oberschlesien.

für 1 t Roheisen 2—2,5 t Erz auf Tausende von Kilometern aus dem
Ausland (Schweden, Spanien, Südrußland) einführen müssen. Die
Selbstkosten Frankreichs und Belgiens sind also wesentlich geringer
als die der deutschen Eisenindustrie. Frankreich und auch Belgien
haben gegenwärtig als Konkurrent Englands Deutschland den Rang
abgelaufen. Frankreich ist in der Roheisenwirtschaft Europas Deutschland bedenklich gefährlich geworden, und zwar nicht nur in der Preis-

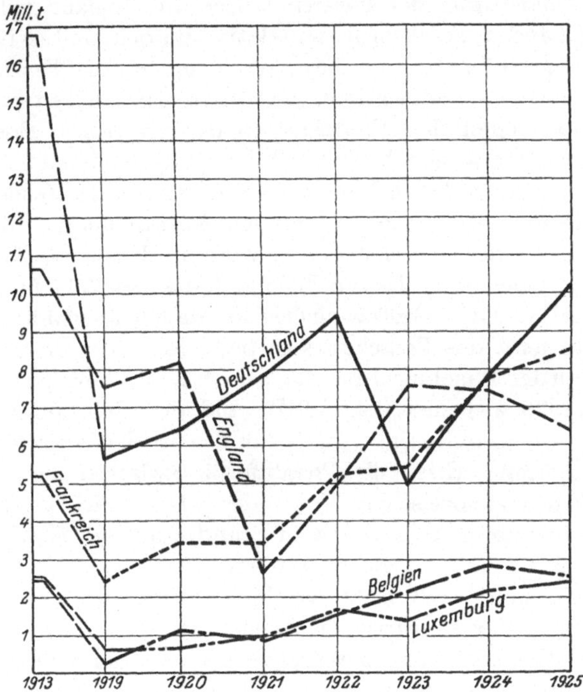

Abb. 14. Roheisenerzeugung Deutschlands, Englands, Frankreichs, Belgiens und Luxemburgs
1913 und 1919—1925.

bildung sondern auch in der Menge der Erzeugung, wie Zahlentafel 26[1])
(Abb. 14) zeigt. Bemerkenswert ist, daß auch Belgien seinen Anteil an
der Roheisenerzeugung Europas und der Welt zu erhöhen vermochte.

Deutschlands Abhängigkeit von Frankreich und Belgien wird noch
deutlicher bei Betrachtung der Stabeisenpreise (Zahlentafel 25 und
Abb. 13). Die deutschen Preise mußten sich zwangsläufig bis Ende 1924
in der Nähe der französischen und belgischen halten, weil der Friedensvertrag die zollfreie Einfuhr starker Kontingente lothringischen Eisens
nach Deutschland diktierte. Erst mit der Schließung der deutschen
Grenze nach dem 10. Januar 1925 konnten die deutschen Preise um

---

[1]) Vgl. „Stahl und Eisen", 1925 Nr. 26, S. 1046/49; 1926 Nr. 3 u. folgd.

den Zollbetrag über die ausländischen erhöht werden. Sie blieben zwar auch dann noch unter den englischen, aber dies Moment ist für den deutschen Maschinenbau nur ein relativ günstiges; denn die deutschen Preise bleiben wegen der Konkurrenz Frankreichs und Belgiens unter den Selbstkosten der deutschen Eisenindustrie, die teurer arbeiten muß als Westeuropa, mit Verlust verkauft und daher zu erliegen droht. Die englischen Preise in Zahlentafel 25 sind zwar wegen der schlechteren Wärmewirtschaft und der höheren Löhne in England höher als die der anderen Länder, erscheinen aber relativ zu hoch, weil sie für Siemens-Martin-Güte gestellt sind, die höherwertig ist als die Thomasgüte, für welche die übrigen Preise gelten. Seit Mitte 1925 haben sich die englischen Preise wegen der Absatzkrise in der englischen Eisenindustrie den deutschen stark genähert.

Aus dem verschiedenen Interesse der Eisen verarbeitenden und der Eisen schaffenden Industrie resultiert der Kampf um die Eisenzölle. Die Erzeugnisse des Maschinenbaues werden durch die Eisenzölle in einem Maße vorbelastet, das zum Teil die deutschen Zölle für Maschinen überschreitet[1]). Die Großeisenindustrie dagegen glaubt, zu ihrer Existenz dringend des Zollschutzes zu bedürfen. Um die großen Ausfuhrinteressen des Maschinenbaues durch die Eisenzölle nicht zu schädigen, ist im Juli 1925 zwischen dem VDMA und der Rohstahlgemeinschaft ein Abkommen geschlossen, wonach für das in den ausgeführten Maschinen enthaltene Eisen die Preisdiffernz zwischen dem deutschen und dem Weltmarktpreise den Firmen des VDMA rückvergütet wird[2]). Auch diese Regelung kann aber vom Standpunkt des Maschinenbaues nur als ein Notbehelf angesehen werden.

Es ergibt sich, daß nicht nur hinsichtlich der Bedarfsdeckung sondern auch in der Preisfrage die Aussichten der Eisenversorgung des deutschen Maschinenbaues als wenig günstig bezeichnet werden müssen. Das wiegt um so schwerer, als die deutsche Maschinenindustrie in hohem Grade auf den Export angewiesen ist (vgl. S. 15—20) und durch die Verhältnisse in der deutschen Eisenindustrie ihre Wettbewerbsfähigkeit mit dem Ausland gefährdet ist.

2. Arbeiterschaft und Arbeitszeit.

Nächst dem Rohstoff ist der Mensch als Arbeiter, Angestellter und Beamter Produktionsfaktor. Der deutsche Maschinenbau verdankte seinen Aufschwung vor dem Kriege nicht zuletzt der Qualitätsarbeit, die seine Arbeiter- und Beamtenschaft in einem wirtschaftlichen und zugleich hochwertigen Produktionsprozeß lieferte. Hochwertig ist die

---

[1]) Vgl. Geschäftsbericht 1924 des VDMA, S. 24.
[2]) Vgl. Nr. 168 der Nachtausgabe des „Tag" vom 21. Juli 1925.

Arbeit an sich geblieben, besonders wenn man die Benachteiligung Deutschlands in der technischen Ausrüstung in Rechnung stellt, die unter den Einflüssen des Krieges aus finanziellen Gründen und wegen der Isolierung vom Ausland mit den Fortschritten der ausländischen Wettbewerber nicht überall Schritt halten konnte. Die Wirtschaftlichkeit der Arbeit, soweit sie von dem Faktor Mensch beeinflußt wird, hat aber in der Nachkriegszeit stark gelitten. Sie wird, abgesehen von der Intensität der Arbeit, bestimmt von der Arbeitszeit, den Lohnverhältnissen und als Auswirkung dieser beiden Faktoren von der Zusammensetzung der Belegschaft in den Werken.

Bei der Betrachtung der Arbeitszeit darf hier, wo es sich allein um ihren Einfluß auf die Produktivität eines Industriezweiges, des Maschinenbaues, handelt, das Problem der Mehrarbeit im allgemeinen volkswirtschaftlichen Interesse unerörtert bleiben, zumal die Gedankenreihe „Mehrarbeit — größeres Angebot — billigere Preise — größere Nachfrage — mehr Arbeitsgelegenheit — stärkerer Export und Aktivität der Handelsbilanz" umstritten ist und vom politischen Standpunkt verschieden beurteilt wird. Diese grundsätzliche Untersuchung kann daher auch nur auf der Tatsache der jeweilig üblichen bzw. gesetzlichen Arbeitszeit fußen, ohne darauf einzugehen, in welchem Maße ein Teil der Werkstätten des Maschinenbaues zeitweise von ihr, z. B. 1923 vom Achtstundentag, aus Mangel an Beschäftigung abweichen mußte; dies soll einem der folgenden Abschnitte (vgl. S. 105) vorbehalten bleiben.

Die durchschnittliche Arbeitszeit vor dem Kriege betrug etwa 54—60 Stunden pro Woche. Der Umsturz im November 1918 brachte darin eine Wandlung. Durch Verordnung vom 23. November 1918 bzw. 18. März 1919 wurde für alle Arbeiter bzw. Angestellten der schematische Achtstundentag eingeführt. Diese Vereinbarung der Zentralarbeitsgemeinschaft unter Führung von Borsig und Legien war an die beiden Voraussetzungen gebunden, daß auch das industrielle Ausland den Achtstundentag einführen würde, und daß es möglich sei, in den 8 Stunden die frühere Arbeitsleistung der 10 Stunden zu erzielen. Beide Voraussetzungen blieben unerfüllt; denn bis heute ist das Abkommen von Washington, das in allen Ländern die Arbeitszeit der in allen öffentlichen und privaten Betrieben beschäftigten Personen auf durchschnittlich 48 Stunden in der Woche international einheitlich festsetzen will, nur von Griechenland, Indien, Bulgarien, Rumänien und der Tschechoslowakei ratifiziert worden, während die maßgebenden Industrieländer wie die Vereinigten Staaten[1]), England, Frankreich,

---

[1]) In den Vereinigten Staaten beträgt die durchschnittliche Arbeitszeit zwar auch nur 48 Stunden, aber sie ist nicht schematisch auf 48 Stunden festgesetzt. Daher werden je nach Anforderung des Betriebes Überstunden als selbstverständlich geleistet. In Zeiten guter Konjunktur erreicht die durch-

Belgien die Ratifikation nicht vollzogen; die Leistung auf den Kopf der Belegschaft aber blieb nicht nur nicht gleich, sondern sank in den ersten Jahren nach dem Kriege unter die frühere Höhe.

Die Frage, ob die kürzere oder längere Arbeitszeit der Wirtschaftlichkeit eines Maschinenbaubetriebes förderlicher ist, läßt sich unschwer beantworten. Die Anlagen der Werke, Grundstücke, Gebäude, Maschinen, Inventar usw., kurz die Produktionsmittel stellen ungeheure Werte dar, die aus dem Gegenwert der erzielten Produktionsmenge verzinst und amortisiert werden müssen und für ihre Instandhaltung täglich große Summen benötigen. Je länger diese Produktionsmittel täglich der Produktion dienstbar sind, um so größer ist die Erzeugungsmenge, und um so kleiner ist der Anteil der Kosten für Verzinsung, Amortisation und Instandhaltung der Produktionsmittel am Einheitswert der Erzeugung bzw. um so größer der Gewinn. Allein die Ausnutzung der Produktionsmittel[1]) verlangt also die im Hinblick auf die absolute menschliche Leistungsfähigkeit höchstmögliche Arbeitszeit. Dazu kommen die täglichen Verluste im Kraft- bzw. Kohlenverbrauch, die bei kürzerer Arbeitszeit nur auf einen geringeren, bei längerer Arbeitszeit dagegen auf einen größeren Produktionswert umgelegt werden können. Einige Beispiele[2]) aus dem Betriebe der Firma A. Borsig, Berlin-Tegel, illustrieren dies:

		Schmiedepresse von		Zusammen	Steigerung in vH
		1200 t	2000 t		
1.	8 Std. Arbeitszeit ohne Mittagspause				
		kg	kg	kg	
	Wöchentlicher Kohlenverbrauch . .	38500	71500	110000	—
	Wöchentliche Rohblockverarbeitung .	71800	91600	163400	—
2.	9 Std. Arbeitszeit mit Mittagspause				
	Wöchentlicher Kohlenverbrauch . .	42100	75500	117600	6,8
	Wöchentliche Rohblockverarbeitung .	86000	99500	185500	14,0

schnittliche Arbeitszeit im amerikanischen Maschinenbau 50 und mehr Stunden in der Woche. Vgl. Köttgen: Das wirtschaftliche Amerika, Berlin 1925, V.D.I.-Verlag, S. 18/20 und 102/103.

[1]) Ford arbeitet an 5 Tagen der Woche mit Schichtwechsel 3mal 8 Stunden, hält also seine Produktionsmittel ununterbrochen im Betrieb und erzielt damit die größtmögliche Wirtschaftlichkeit. Für deutsche Verhältnisse im Maschinenbau kommt diese Arbeitsweise gegenwärtig nicht in Frage wegen Mangel an Absatzmöglichkeiten. Voraussetzung wäre die Stillegung eines bedeutenden Teils der Betriebe.

[2]) Vgl. den Aufsatz „Wie können wir die gegenwärtige Wirtschaftskrisis überwinden?" von Dr.-Ing. Litz in Nr. 8/9 des Jahrg. 1924 der Borsig-Zeitung, dem auch die folgenden Angaben aus dem Betrieb von Borsig entnommen sind.

Nach der vorstehenden Aufstellung beträgt der Kohlenverbrauch der Schmiedepressen bei neunstündiger Arbeitszeit nur 6,8 vH mehr als bei 8 Arbeitsstunden, die Verarbeitung von Rohblöcken steigt dagegen um 14 vH, im ersten Falle kommen auf 1 kg Kohle 1,48 kg Rohblöcke, im zweiten 1,58 kg, d. h. 6 vH mehr.

Die Kessel im Zentralkesselhaus der Firma Borsig erfordern täglich 10 t Kohlen zum Anheizen. Wenn die Kessel 9 Stunden statt 8 Stunden arbeiten, erhöht sich die Produktion im Werk um 11 vH. Entsprechend vermindern sich die Anheizverluste. Die Ersparnis beträgt pro Tag etwa 3000 kg Kohlen.

In der neunstündigen Arbeitszeit mit Mittagspause kann die Probefahrt einer Lokomotive vorbereitet und durchgeführt werden, bei einer Arbeitszeit von 8 Stunden ohne die Mittagspause bleiben Restarbeiten und die Probefahrt selbst für den nächsten Tag. Der Mehrverbrauch für das zweite Anheizen beträgt bei einer Staatsbahnlokomotive 1400 kg Kohlen.

Aber auch abgesehen von der unvollkommenen Ausnutzung der Werksanlagen und den Kraftverlusten mindert die verkürzte Arbeitszeit die Wirtschaftlichkeit der Betriebe unmittelbar herab. Hier können nur wenige typische Beispiele dafür angeführt werden. Es gibt Berufsgruppen, für die der Achtstundentag einfach unmöglich ist. Zu der Kategorie der Beschäftigten, die früher und länger als die übrige Belegschaft tätig sein müssen, gehören beispielsweise die Heizer und Maschinisten. Vor Beginn der Arbeit bereits müssen die Kessel angeheizt und die Maschinen zur Wärme- und Kraftversorgung in Betrieb gesetzt werden, nach Schluß der Arbeitszeit müssen sie abgestellt werden. In dieser und anderen Gruppen von Arbeitern, die zum Teil nur in Bereitschaft stehen, wurden unter dem Zwang der unterschiedslosen Durchführung des Achtstundentages Neueinstellungen nötig; ein Teil fängt früher an, ein anderer hört später auf als die übrige Belegschaft. Von der Verkürzung der Arbeitszeit wurden hauptsächlich die sog. unproduktiven, am Produktionsprozeß nicht unmittelbar beteiligten Arbeiter betroffen. Bei Borsig betrug z. B. die Arbeitszeit der produktiven Arbeiter bereits vor dem Kriege durchschnittlich nur 8,03 Stunden, die der unproduktiven aber im Durchschnitt 10,37 Stunden. Die Verkürzung von 10,37 um 23 vH auf 8 Stunden machte also eine **Vermehrung der unproduktiven Arbeiter** (vgl. S. 61) um mindestens 23 vH erforderlich.

Ein Beispiel[1]) dafür, wie einzelne Stufen der Fertigung im Maschinenbau durch den Achtstundentag gehemmt werden, ist die Eisengießerei. Borsig beschäftigte in der Eisengießerei 1913 durchschnittlich 370 Mann und 1922 durchschnittlich 400 Mann. Trotz dieser Erhöhung der Belegschaft verringerte sich die Ausbringung in den gleichen Jahren von 765 t auf 566 t um mehr als 25 vH, obwohl die Verkürzung der Arbeitszeit nur 13,5 vH betrug. Im Jahre 1913 betrug die reine Arbeitszeit der Gießerei $9^1/_4$ Stunden mit einer Frühstückspause von $^1/_2$ Stunde und einer Mittagspause von 1 Stunde. Die Former und Gießer hatten also zur Verteilung ihrer Arbeit einen Spielraum von $10^3/_4$ Stunden, während dieser beim Achtstundentag mit einer Frühstückspause von $^1/_4$ Stunde nur $8^1/_4$ Stunden beträgt. Die

---

[1]) Vgl. **Litz**: a. a. O. (S. 50).

größere Spanne in der Arbeitszeit von 1913 erlaubte mit Hilfe der Pausen eine rationelle Anordnung der Vorgänge des Formens, Schmelzens und Gießens, der Achtstundentag gestattet sie nicht und verhindert in der Gießerei oft die volle Ausnutzung der Arbeitszeit. So erklärt sich die Differenz zwischen den 25 vH Rückgang in der Ausbringung und den nur 13,5 vH Verkürzung der Arbeitszeit, die der Eigenart des Gießereibetriebes angepaßt sein muß.

Schädigte der Achtstundentag also an sich schon die Wirtschaftlichkeit der Betriebe, so mußte die Tatsache, daß er in den Jahren nach dem Kriege nicht einmal voll ausgenutzt wurde, doppelt nachteilig wirken. Über das Verhältnis des normalen zum wirklichen Arbeitstag in den Jahren 1913/14 und 1921/22 sind von dem Siemens-Konzern folgende interessante Angaben[1]) veröffentlicht:

	1913/14	1921/22
Belegschaft	24216	17968
Arbeitstage	304	307
Normaler Arbeitstag . .	8,25 Std.	8,0 Std.
Sollstunden	60600375	44129408
Iststunden	65028162	38282386
Wirklicher Arbeitstag .	8,85 Std.	6,94 Std.
Differenz gegenüber dem Normaltag	+ 0,6 Std. = 7,3 vH	− 1,06 Std. = 12,5 vH

Daraus ergibt sich zwischen der wirklichen Arbeitszeit vor dem Kriege von 8,85 Stunden und der Arbeitszeit nach dem Kriege von 6,94 Stunden eine Differenz von 1,91 Stunden oder 21,6 vH. In dem erwähnten Aufsatz ist die Verteilung dieser Differenz auf die verschiedenen Ursachen im einzelnen genau nachgewiesen. Hier seien nur die Endzahlen wiedergegeben:

	Stunden	vH
Gesetzliche Minderung von 8,25 auf 8,0 Std. . . .	0,25	2,82
Tarifliche Minderung von 8,0 auf 7,77 Std.	0,23	2,60
Minderleistung von Überstunden	0,73	8,25
Krankheitsfälle	0,475	5,36
Minderung durch Urlaub	0,131	1,48
Minderung durch Streik	0,098	1,11
	1,914	21,62

Von dem Ausfall an Arbeitszeit machen die gesetzliche und tarifliche Minderung und die Ablehnung von Überstunden zusammen 63 vH, also fast $^2/_3$ aus. Bemerkenswert ist der hohe Anteil der Krankheitsfälle.

Ein sicheres und einigermaßen allgemein gültiges Urteil über die Wirkungen des Achtstundentages im Maschinenbau läßt sich wegen des Mangels an zahlenmäßigen Unterlagen nicht gewinnen. Die Angaben der beiden erwähnten Berliner Firmen waren das einzige für den Ver-

---

[1]) Vgl. Bolz: Produktionsverteuerung — Produktionsverminderung, „Technik und Wirtschaft", 1924 Nr. 2. Diesem Aufsatz sind auch die folgenden Angaben des Siemens-Konzerns entnommen.

fasser greifbare Zahlenmaterial, was der Statistik eines einzelnen Betriebes entstammt. Sie sind aber mit Vorsicht aufzunehmen, nicht zuletzt wegen der besonderen Berliner Verhältnisse (Streik, Krankheit usw.). Bis Ende 1923 hat aber wohl der deutsche Maschinenbau vom Achtstundentag eine je nach der Betriebsart mehr oder weniger große Verminderung und Verteuerung seiner Produktion erfahren. Der Zusammenbruch der deutschen Währung und die Häufung der wirtschaftlichen Schwierigkeiten führten auch die Arbeitnehmer[1] schließlich zu der Einsicht, daß der schematische Achtstundentag für die verarmte

Zahlentafel 27.

	Durchschnittliche Arbeitszeit im Maschinenbau		Von den berichtenden Firmen arbeiteten	
	Arbeiter	Angestellte	mehr als 48 Std./Woche*)	mehr als 52 Std./Woche*)
	Std./Woche	Std./Woche	vH	vH
1924				
April.	53,3		83	75
Mai . . . . :	51,3		74	65
Juni	49,7		67	59
Juli	49,5		64	58
August.	48,3		60	54
September	48,3		53	42
Oktober	50,0	48,3	64	52
November	51,4	48,2	65	53
Dezember	52,5	48,3	78	67
1925				
Januar.	52,4	48,6	77	64
Februar	52,3	48,2	81	65
März	52,7	48,3	85	64
April.	52,8	48,4	84	69
Mai	52,4	48,4	81	69
Juni	52,7	48,5	83	68
Juli	52,8	48,6	91	72
August.	52,5	48,5	83	67
September	51,5	48,0	69	49
Oktober	50,8	48,2	51	33
November	48,3	48,2	39	24
Dezember	47,9	48,2	24	16
1926				
Januar	44,4	47,9	18	14
Februar	45,7	47,9	18	14
März	43,7	48,1	23	15
April	43,4	48,0	25	17
Mai	45,8	48.0	26	21
Juni	45,2	48,0	23	18
Juli	45,2	48,0	30	24

*) Die Zahlen gelten bis September 1924 für Arbeiter und Angestellte, ab Oktober 1924 nur für Arbeiter.

[1] Vgl. z. B. Sozialistische Monatshefte 1924, Heft 2, Aufsatz von Max Schippel, S. 91.

deutsche Wirtschaft nicht länger zu halten sei. So kam es im Wege des Ermächtigungsgesetzes zu der neuen Arbeitszeitverordnung vom 21. Dezember 1923, die noch heute Gültigkeit hat. Auch sie hält formell am Achtstundentag fest, läßt aber in weitestem Maße Ausnahmen zu,

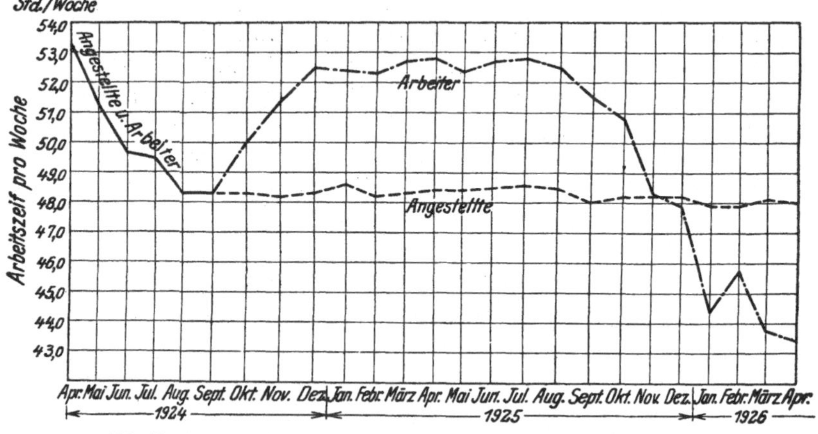

Abb. 15. Wöchentliche Arbeitszeit im deutschen Maschinenbau 1924—1926.

die sich sehr bald in den Tarifabkommen günstig auswirkten. Nach den monatlichen Erhebungen des VDMA unter seinen Mitgliedsfirmen bewegte sich die durchschnittliche Arbeitszeit seit April 1924 gemäß den Zahlenangaben in Zahlentafel 27 (Abb. 15 und 16).

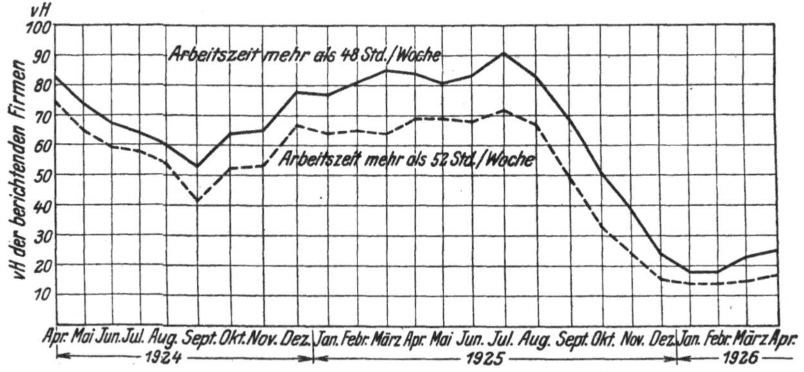

Abb. 16. Anteil der berichtenden Firmen des Maschinenbaus mit einer wöchentlichen Arbeitszeit von mehr als 48 und mehr als 52 Stunden 1924—1926.

Die Zahlen in den ersten beiden Spalten der Tafel 27 sind als Durchschnittswerte errechnet aus der Verteilung der Gesamtzahl der berichtenden Firmen auf die einzelnen gemeldeten wöchentlichen Arbeitszeiten, die zum Teil erheblich, so z. B. im September 1924 zwischen 20 und 58 Stunden, differieren. Die angegebenen durchschnittlichen

Arbeitszeiten sind also von den Firmen, die wegen Arbeitsmangel zur Kurzarbeit greifen mußten, stark beeinflußt und herabgedrückt. Was die Zahlentafel 27 aber hauptsächlich erweisen soll, geht aus ihren letzten beiden Spalten (Abb. 16) hervor, daß nämlich überall dort, wo nicht irgendwelche wirtschaftlichen Schwierigkeiten zur Kurzarbeit zwangen, von dem Zugeständnis der neuen Arbeitszeitverordnung, über den Achtstundentag hinauszugehen, in starkem Maße Gebrauch gemacht worden ist. An dieser Tendenz an sich ändert auch nichts der Abfall der Kurven in Abb. 15 und 16 seit dem Herbst 1925, der auf den schlechten Auftragseingang aus dem Inland (vgl. Abschnitt C 1) zurückzuführen ist.

Zweifellos ist damit der Anfang dazu gemacht, wieder mehr, billiger und wirtschaftlicher zu produzieren, was nur im Interesse aller Werksangehörigen liegen kann. Gegenüber den erneut laut werdenden Forderungen von Arbeitnehmerseite nach Wiedereinführung des schematischen Achtstundentages und nach Ratifizierung des Abkommens von Washington, die Deutschland volle 11 Jahre an den Achtstundentag binden würde, muß gerade der Maschinenbau daran festhalten, daß es möglich sein muß, die Arbeitszeit der Eigenart und den wirtschaftlichen Bedürfnissen des einzelnen Betriebes anzupassen, ganz abgesehen von dem Einfluß der Arbeitszeit auf Menge und Selbstkosten der Produktion.

Neben der Arbeitszeit hat die Entwicklung der Lohnverhältnisse auf die Wirtschaftlichkeit der Arbeit ungünstig eingewirkt. Auf Betreiben der Arbeiterschaft war in der ersten Zeit nach dem Kriege auch für die produktiven Arbeiter der Stücklohn durch den Zeitlohn ersetzt worden. Die Folge war ein Sinken der Arbeitsintensität[1] und eine entsprechende Erhöhung der Selbstkosten. In den Jahren 1920/21 und später wurde allenthalben für Arbeit, die nach Stück bewertet werden kann, der Akkordlohn wieder eingeführt, so daß heute im Durchschnitt die Arbeitsleistung der Stücklohnarbeiter vor dem Kriege wieder erreicht ist.

In stärkerem Maße als die nur vorübergehende Beseitigung des Stücklohnes wirkte sich die Nivellierung der Löhne und Gehälter aus, deren Ursachen in der Mentalität der Nachkriegszeit und in der Inflation zu suchen sind. Hierüber liegen aus dem Siemens-Konzern eingehende Angaben[2] vor, denen folgende Zusammenstellung und Zahlenbeispiele entnommen sind.

Bezogen auf die Entlohnung des produktiven Akkordarbeiters verschoben sich die Löhne zwischen 1914 und 1923 folgendermaßen:

---

[1] Vgl. die Zahlenbeispiele bei Hillmann: Die Wirtschaftsnöte der deutschen Industrie, „Maschinenbau-Wirtschaft“, 1924 Nr. 15.

[2] Vgl. Bolz: a. a. O. (S. 52).

	Produktive Akkordarbeiter	Produktive Zeitlohnarbeiter	Unproduktive Zeitlohnarbeiter
1914	1,00 ℳ.	0,70 ℳ.	0,45 ℳ.
1923	1,00 ℳ.	0,80 ℳ.	0,65 ℳ.
Steigerung	—	14,3 vH	44,5 vH

Die Lohnspanne zwischen dem hochwertigen Facharbeiter und dem ungelernten Arbeiter war also von 55 vH auf 35 vH gesunken.

Dieser schädliche Ausgleich der Löhne bedeutet, daß die Tüchtigkeit im Arbeitsverdienst nicht mehr genügend bewertet wurde, daß vielmehr die Lohnhöhe des Ungelernten auf Kosten des Tüchtigen stieg. Solche Nivellierung der Löhne ist außerordentlich schädlich, weil sie dem Grad der Verantwortung nicht Rechnung trägt, dem Arbeiter den Ansporn zum Vorwärtsstreben, die wichtigste Triebkraft für die Arbeitsleistung, mindert und damit den gesamten Leistungseffekt der Unternehmen gefährdet. Sie ist auch einer der Gründe dafür, daß der Qualitätswert des Facharbeiters im Ansehen sank und infolge des geringeren Anreizes zur Lehrlingsausbildung zeitweise ein fühlbarer Mangel an Facharbeitern (vgl. S. 64) eintrat.

Auch weibliche Arbeitskräfte wurden in der Nachkriegszeit höher entlohnt als im Frieden. Der weibliche Arbeiter erhielt 1914 bei Siemens etwa 55—60 vH des für gleiche Männerarbeit gezahlten Lohnes, 1923 dagegen 75 vH und mehr. Die Verringerung der Verdienstspanne blieb nicht auf die Arbeiter beschränkt, auch die Angestellten wurden von ihr betroffen, die Spanne zwischen dem einfachen Schreiber mit etwa 115 ℳ. Monatseinkommen und dem akademisch gebildeten Ingenieur, der nach Einarbeitung etwa ein Gehalt von 275 ℳ. hatte, fiel von rund 140 vH im Jahre 1914 auf 47 vH im Oktober 1923 (475 Mill. zu 700 Mill. ℳ.).

Eine Folgeerscheinung der Nivellierung der Löhne und Gehälter in Verbindung mit der relativen Zunahme der unproduktiven Arbeitskräfte (vgl. S. 51 und 61—63) unter dem Einfluß der Arbeitszeitverkürzung war das Steigen des Lohnsummenanteiles der unproduktiv Tätigen.

Im Jahre 1914 betrug bei Siemens der Anteil der unproduktiven Löhne an der gesamten Lohnsumme 29,8 vH, 1923 dagegen 47,4 vH, er stieg also um etwa 60 vH. Es wurden also auf 100 für produktive Arbeit gezahlte Mark 1914 etwa 41 ℳ. und 1923 rund 90 ℳ verausgabt.

Zuverlässige und allen Gesichtspunkten eines Vergleichs mit der Vorkriegszeit entsprechende Zahlen der Lohnentwicklung in den letzten Jahren zu geben, ist schwer möglich, wenn nicht unmöglich. Spezielle Zahlen für den Maschinenbau, die nicht ein einzelnes Werk, sondern ein Industriezentrum oder gar das Reich als Durchschnittswerte betreffen, gibt es kaum. So ist jede Lohnstatistik nur von bedingtem Wert. Am einwandfreisten erschienen die Veröffentlichungen des Statistischen Reichsamtes über die tarifmäßigen Löhne in der Metallindustrie, die wenigstens die allgemeine Tendenz der Entwicklung

Zahlentafel 28.

	Tarifmäßige Löhne in 20 Hauptsitzen der Metallindustrie								Lohn-spanne
	Gelernte Arbeiter				Ungelernte Arbeiter				$\dfrac{b-f}{f}\cdot 100$
	Stunden-lohn	Wochenlohn			Stunden-lohn	Wochenlohn			
		Nominal-	Real-	1914 = 100		Nominal-	Real-	1914 = 100	
	G.₰	G.ℳ.	G.ℳ.	vH	G.₰	G.ℳ.	G.ℳ.	vH	vH
	a	b	c	d	e	f	g	h	i
1914 . . .	—	—	36,20	100,0	—	—	24,45	100,0	48,1
1923									
Januar . .	—	—	17,40	48,1	—	—	16,10	66,0	8,0
Februar . .	—	—	21,20	58,5	—	—	19,65	80,5	7,7
März . . .	—	—	27,05	74,7	—	—	25,10	102,7	7,7
April . . .	—	—	25,80	71,2	—	—	23,90	97,7	8,0
Mai. . . .	—	—	23,35	64,5	—	—	21,55	88,1	8,4
Juni . . .	—	—	22,40	61,8	—	—	20,60	84,3	8,6
Juli . . .	—	—	17,10	47,2	—	—	15,70	64,2	8,9
August . .	—	—	21,35	59,0	—	—	19,60	80,3	8,9
September	—	—	19,65	54,3	—	—	18,00	73,6	9,3
Oktober .	—	—	13,55	37,4	—	—	11,75	48,0	15,5
November.	—	—	20,20	55,8	—	—	17,40	71,6	15,4
Dezember .	—	—	25,30	69,8	—	—	21,40	87,9	17,6
1924									
Januar . .	57	26,90	24,45	67,6	45	21,20	19,25	78,8	26,9
Februar. .	56	26,86	25,85	71,3	43	20,63	19,90	81,3	30,2
März . . .	57	27,31	25,55	70,6	43	20,83	19,50	79,7	31,1
April . . .	65	31,20	27,85	77,0	44	21,26	19,00	77,6	46,8
Mai. . . .	67	32,16	27,95	77,2	46	22,08	19,20	78,6	45,7
Juni . . .	71	34,08	30,45	84,1	47	22,56	20,15	82,4	51,1
Juli . . .	71	34,08	29,40	81,2	47	22,56	19,45	79,5	51,1
August . .	71	34,08	29,90	82,6	47	22,56	19,80	80,9	51,1
September	71	34,08	29,40	81,2	47	22,56	19,45	82,4	51,1
Oktober .	72	34,56	28,30	78,2	49	23,52	19,30	78,9	46,9
November.	73	35,04	28,60	79,0	50	24,00	19,60	80,1	46,0
Dezember .	73	35,04	28,60	79,0	51	24,48	20,00	81,8	43,1
1925									
Januar . .	75,5	37,86	30,55	84,4	52,0	26,15	21,10	86,3	44,8
Februar. .	76,5	38,35	30,65	84,7	52,8	26,52	21,20	86,8	44,6
März . . .	78,6	39,51	31,40	86,8	53,8	27,09	21,55	88,2	45,8
April . . .	81,7	40,84	32,20	89,0	55,5	27,76	21,90	89,5	47,1
Mai. . . .	82,6	41,26	32,85	90,8	56,3	28,13	22,40	91,7	46,7
Juni . . .	83,0	41,49	32,35	89,4	56,7	28,35	22,10	90,5	46,4
Juli . . .	88,1	44,01	32,90	90,9	58,8	29,39	21,95	89,6	49,8
August . .	91,5	45,66	34,30	94,8	60,7	30,31	22,75	93,0	50,6
September	91,6	45,70	34,70	95,8	60,8	30,34	23,05	94,3	50,6
Oktober .	92,5	46,15	35,40	97,8	61,3	30,60	23,45	96,0	50,8
November.	92,7	46,24	36,00	99,4	62,5	31,16	24,25	99,2	48,4
Dezember .	92,7	46,24	36,00	99,4	62,5	31,16	24,25	99,2	48,4
1926									
Januar . .	92,7	46,24	36,40	100,6	62,5	31,16	24,50	100,2	48,4
Februar. .	92,7	46,24	36,65	101,2	62,5	31,16	24,70	101,0	48,4
März . . .	92,7	46,24	36,80	101,6	62,5	31,16	24,80	101,4	48,4
April . . .	92,7	46,24	36,40	100,6	62,5	31,16	24,50	100,2	48,4
Mai . . .	92,7	46,24	36,40	100,6	62,5	31,16	24,50	100,2	48,4
Juni . . .	92,7	46,24	36,20	100,0	62,5	31,16	24,40	99,8	48,4

über einen längeren Zeitraum erkennen lassen. Auf dieser Grundlage ist die Zahlentafel 28 (Abb. 17 und 18) zusammengestellt. Sie enthält in den Spalten a und e die Stundenlöhne, in den Spalten b und f die Nominalwochenlöhne seit Anfang 1924 und in den Spalten c und g die Realwochenlöhne für die Monate des Jahres 1923 der gelernten und ungelernten Arbeiter, wie sie vom Statistischen Reichsamt angegeben sind[1]). Die Nominalwochenlöhne seit Anfang 1924 sind ebenfalls jeweils über die Reichsindexziffer für die Lebenshaltungskosten[2]) in Realwochenlöhne umgerechnet, und diese sind in den Spalten d und h in vH der Sätze von 1914 ausgedrückt. Die letzte Spalte i enthält schließlich die Lohnspanne, d. h. die Differenz zwischen den Wochenlöhnen des ge-

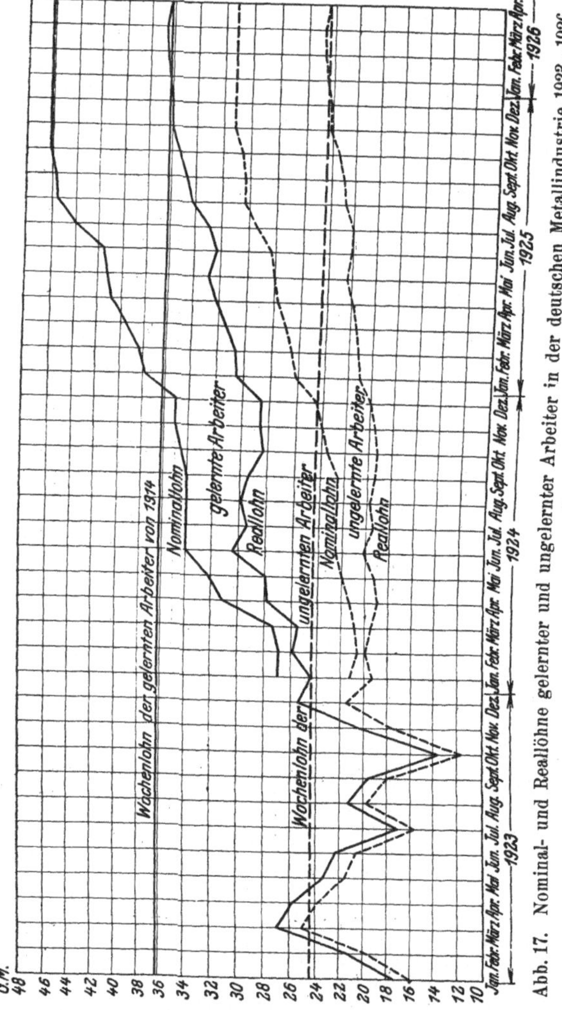

Abb. 17. Nominal- und Reallöhne gelernter und ungelernter Arbeiter in der deutschen Metallindustrie 1923—1926.

[1]) Quelle: „Wirtschaft und Statistik“, 1924 Nr. 3, 1925 Nr. 2 und die folgenden.

[2]) Während des Jahres 1925 hat die Berechnungsweise des Indexes gewechselt. Bis September 1925 ist der Index in der neuen und auch der alten Berechnungsweise in „Wirtschaft und Statistik“ veröffentlicht worden. Um die Berechnung der Zahlen in Tafel 28 auf gleicher Grundlage durchzuführen, ist ab Oktober 1925 der alte Index nach der Bewegung des neuen errechnet. Da der neue Index durchschnittlich 10 vH höher als der alte ist, fallen nach der neuen Berechnungsweise die Reallöhne in den Spalten c und g und die Vergleichssätze zu 1914 in den Spalten d und h der Tafel 28 um rund 9 vH niedriger aus.

lernten und des ungelernten Arbeiters in vH des Wochenlohnes des ungelernten Arbeiters. Die Lohnsätze stellen den mit der Zahl der Arbeiter und der Zeit der Gültigkeit gewogenen Durchschnitt aus den Tariflohnsätzen der höchsten Altersstufe (20—25 Jahre) einschließlich der sozialen Zulagen für die Ehefrau und 2 Kinder in 20 Hauptsitzen der Metallindustrie dar und beziehen sich für Wochenlöhne auf die tarifmäßige Arbeitszeit ohne Überstunden. Für Gelernte sind Akkordlöhne oder Zeitlöhne einschließlich Akkordausgleich, für Ungelernte reine Zeitlöhne eingestellt.

In den Kurven der Abb. 17 ist die niedrige und schwankende Lohnhöhe für das Inflationsjahr 1923 charakteristisch. Mit der Stabilisierung der Währung gegen Ende dieses Jahres setzt eine stetige Aufwärtsbewegung der Nominalwochenlöhne ein, deren wachsender Abstand von den Reallöhnen die Steigerung der Lebenshaltungskosten in Deutschland seit Anfang 1924 kennzeichnet. Gleichwohl sind auch die Reallöhne, wenn auch langsamer, gestiegen. Das in der letzten Zeit schnellere Tempo der Lohnerhöhung der gelernten Arbeiter gegenüber der Entwicklung der Löhne Ungelernter kommt in der Kurve

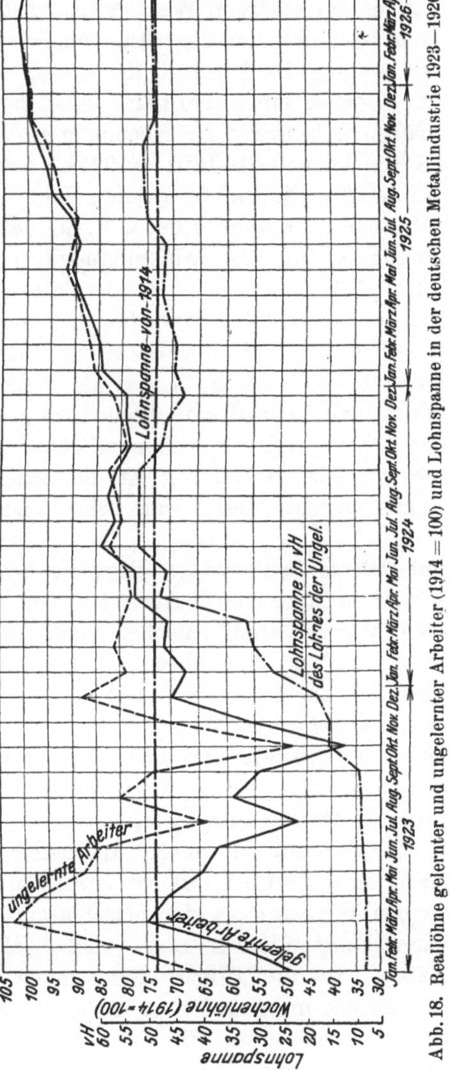

Abb. 18. Reallöhne gelernter und ungelernter Arbeiter (1914 = 100) und Lohnspanne in der deutschen Metallindustrie 1923—1926.

der Lohnspanne (Abb. 18) zum Ausdruck. Während unter dem Einfluß der Inflation im Jahre 1923 die Lohnspanne fast verschwunden war, hob sich der Mehrverdienst des gelernten Arbeiters erstmalig Mitte 1924 zeitweilig über den Stand von 1914. Seit Mitte 1925 bewegt sich die

Lohnspanne wieder etwas über dem Vorkriegswert. Die auf eine Nivellierung der Löhne gerichtete Tendenz der Nachkriegszeit ist also überwunden, was im Interesse der Industrie nur begrüßt werden kann. Der Vergleich der Realwochenlöhne mit den Sätzen von 1914 in Abb. 18 hat nur den relativen Wert der Entwicklungstendenz. Denn die Wochenlöhne als Funktion des Stundenlohnes und der Arbeitszeit entsprechen seit Anfang 1924 nicht der jeweils tatsächlich erzielten Höhe, weil im Interesse einer Einheitlichkeit der Statistik immer nur die tarifmäßige Arbeitszeit in Rechnung gestellt ist, die bis Ende 1924 rund 48 Stunden und ab Januar 1925 etwa 50 Stunden im Reichsdurchschnitt bei der Metallindustrie betrug. Berücksichtigt man die außertariflichen Überstunden und rechnet z. B. mit der tatsächlichen durchschnittlichen Arbeitszeit der Maschinenindustrie im Juni 1925 (vgl. Zahlentafel 27 auf S. 53), so ergibt sich für die gelernten Arbeiter ein Realwochenlohn von 34,12 $\mathscr{M}$. bzw. für den ungelernten Arbeiter 23,31 $\mathscr{M}$., was 94,3 bzw. 95,4 vH der Sätze von 1914 entspricht. Die Friedenslöhne wurden also bereits früher als es die Ziffern der Zahlentafel 28 angeben, nahezu und seit Ende 1925 ganz erreicht, so daß die Agitation der Arbeiterkreise für Lohnerhöhung der Berechtigung entbehrt. Um die wirkliche Belastung der deutschen Maschinenindustrie durch die Löhne festzustellen, wäre ein Vergleich mit den Löhnen anderer Industrieländer notwendig, der aber sowohl wegen Mangel an Angaben auf gleicher Basis wie auch wegen des verschiedenen Lebensstandards schwer zu führen ist. Als sicher kann gelten, daß die deutschen Löhne nicht über den ausländischen, aber, abgesehen von den sehr viel höheren amerikanischen Reallöhnen, in ihrer unmittelbaren Nähe liegen[1]). Wenn also auch die deutsche Maschinenindustrie in der Lohnhöhe gegenüber dem ausländischen Wettbewerb nicht effektiv benachteiligt ist, so muß sie doch angesichts der vielfachen anderweitigen Belastungen (Steuern, Reparationen, soziale Abgaben usw.) die gegenwärtige Lohnhöhe als äußerste Grenze empfinden.

Die Änderungen in der Arbeitszeit und den Lohnverhältnissen sind nicht ohne Einfluß auf die Zusammensetzung der Belegschaft in den Werkstätten der Maschinenindustrie geblieben, wenn auch zu ihrer Umgestaltung noch andere Momente wesentlich beigetragen haben. Die auffälligste Erscheinung der Nachkriegszeit war die Zunahme der unproduktiven Arbeitskräfte. Der Siemens-Konzern gibt die Veränderungen, die der Beschäftigtenstand ihrer Werke von 1914 bis 1923 erfuhr, folgendermaßen in Verhältniszahlen an[2]):

---

[1]) Vgl. den Geschäftsbericht der Vereinigung der Arbeitgeberverbände über die Jahre 1923 und 1924, S. 198 bis 210, und Reuter: a. a. O. (S. 34) S. 108 bis 111.

[2]) Vgl. Bolz: a. a. O. (S. 52).

	1914	1923	Steigerung
Männliche Arbeiter über 21 Jahre insgesamt	1000	1290	29,0 vH
Davon unproduktive Arbeiter	1000	1960	96,0 „
Unproduktive Arbeiter in vH aller Arbeiter über 21 Jahre	28,5	43,5	57,7 „
Unproduktive auf 100 produktive Arbeiter	40	76,5	91,2 „
Angestellte insgesamt	1000	1709	70,9 „
Angestellte auf 100 produktive Arbeiter .	53,7	76,6	42,6 „
Unproduktive Arbeitskräfte insgesamt auf 100 produktive Arbeiter	93,7	153,1	64,4 „

Diese Zahlen verstehen sich für gleiche Warenerzeugung in den beiden Vergleichsjahren. Unter der Annahme ihrer Zuverlässigkeit würden sie zeigen, in welchem Maße die Produktion durch Belegschaftsverstärkung und Leistungsrückgang verteuert worden ist. Die Firma gibt an, daß gegenüber der Friedenserzeugung 1913/14 eine Produktionsverminderung von 25,2 vH auf den Kopf aller Beschäftigten eingetreten ist. Zahlen[1]) von der Firma A. Borsig kommen zu einem ähnlichen Ergebnis, das aber ebenfalls wohl kaum als allgemein zutreffend anzusehen ist:

	1913	1922	Zunahme bzw. Abnahme
Gesamtbelegschaft	4561	7245	+ 58 vH
Arbeitstage	300	302	—
Gesamtproduktion in t	31 615 t	32 311 t	+ 2 „
Produktion pro Arbeitnehmer in t . .	6,93 t	4,46 t	— 35 „
Produktive Arbeiter	2740	3271	+ 19 „
Unproduktive Arbeiter	1003	2306	+ 130 „
Angestellte	818	1668	+ 104 „
Unproduktive auf 100 produktive Arbeitnehmer	66	120	+ 82 „

Die Zahlen basieren auf den Verhältnissen in den gleichen Maschinenbau-Werksätten von Borsig vor und nach dem Kriege ohne Berücksichtigung der inzwischen vorgenommenen Erweiterungen und der auf sie entfallenden Beschäftigten. Während die Gesamtleistung annähernd gleich blieb, ist die Belegschaft von 1913 bis 1922 um mehr als die Hälfte gestiegen. Die Leistung auf den Kopf des Beschäftigten sank um mehr als ein Drittel trotz dieser Vermehrung der Arbeitnehmer. Die Unterscheidung der Arbeitnehmer nach produktiven und unproduktiven gibt die Erklärung dafür. Legt man nämlich die Gesamtproduktion beider Jahre auf die Zahlen der produktiven Arbeiter um, so ergibt sich mit 11,5 bzw. 9,9 t pro Kopf, daß ihre Arbeitsleistung 1922 bereits die Höhe von 1914 nahezu wieder erreicht hatte, und daß für sie berechnet der Leistungsrückgang nur 14 vH gegenüber 35 vH für die Gesamtbelegschaft betrug. Anderseits stehen der geringen Erhöhung von 19,4 vH der Zahl der produktiven Arbeiter die Verdoppelung der Angestellten und die Zunahme der unproduktiven Arbeiter um 130 vH gegenüber.

Die Verschiebungen in der Zusammensetzung der Arbeiterschaft, die in keinem Verhältnis zum Produktionserfolg stand, erklärt sich zunächst aus dem Zwang der verkürzten Arbeitszeit zu Neueinstellungen (vgl. S. 51) und der gesunkenen Arbeitsintensität, die namentlich auf

---

[1]) Vgl. Litz: a. a. O. (S. 50).

der Seite der unproduktiven Arbeitnehmer ebenfalls eine Vermehrung nötig machte, vor allem aber aus den gesetzlichen Entlassungsbeschränkungen der Demobilmachungsverordnung vom 12. Februar 1920. Durch sie wurden alle gewerblichen Betriebe gezwungen, alle Kriegsteilnehmer und Zivilinternierten, die vor dem Kriege bei ihnen beschäftigt waren, wieder einzustellen, ohne daß die gleiche Anzahl der dadurch entbehrlichen Arbeitskräfte entlassen werden durfte. Es liegt auf der Hand, daß diese Bestimmung einerseits zu einer anormalen Steigerung der Belegschaftsstärke führen mußte, und anderseits im großen Ausmaß zur Beschäftigung von betriebsfremden, zur Zeit der großen Heereslieferungen eingestellten Arbeitskräften in den Werkstätten der Maschinenindustrie und damit zu einer fühlbaren Belastung der Betriebe zwang. Borsig zählte beispielsweise in einer Abteilung, die hohe technische Anforderungen an das Personal stellt, unter 35 Beschäftigten einer Meisterschaft 15 (43 vH) mit fremden Ausgangsberufen, darunter waren je ein Barbier, Bäcker, Tapezierer, Tischler, Kellner, Schuhmacher, Maurer, Schneider usw. Bei solchen Verhältnissen wäre ein Ausgleich zwischen geschultem und berufsfremdem Personal wirtschaftlich erforderlich gewesen, wenn ihn jene Verordnung nicht verhindert hätte. Auf die Zahl der produktiven Arbeitskräfte, die zum Teil im Kriege reklamiert waren, waren die Entlassungsbeschränkungen weniger von Einfluß. Hauptsächlich wurden von ihnen die Unproduktiven betroffen. Die betreffenden §§ 12 und 13 der erwähnten Verordnung, die jahrelang in falscher sozialpolitischer Einstellung die Arbeitnehmer um den Preis unwirtschaftlicher Betriebsführung schützten, sind Ende 1923 im Wege des Ermächtigungsgesetzes aufgehoben worden.

Der Versuch, die Veränderungen in der Zusammensetzung der Belegschaft als Durchschnitt von einer möglichst großen Zahl von Firmen und Beschäftigten des Maschinenbaues zu ermitteln, muß naturgemäß ein anderes Bild geben, als es die beiden großen, als Beispiel angeführten Firmen gaben. Bei Berücksichtigung vieler kleiner Firmen ohne den umfangreichen Vertriebs- und Verwaltungsapparat großer Betriebe werden sich die Veränderungen nur in wenigen vH ausdrücken. In der Zahlentafel 29 sind die Veränderungen in der Belegschaft der Mitgliedsfirmen des VDMA seit 1914 zusammengestellt, die der Statistik des Beschäftigtenstandes des VDMA entnommen[1] bzw. nach ihren Angaben berechnet worden sind. Zwar wechselt die als Vergleichsgrundlage anzusehende Zahl der Firmen in den 11 Jahren seit 1914 erheblich, aber eine Untersuchung von Dr. Rech[1], die sich auf mehr

---

[1] Quelle: Geschäftsberichte des VDMA seit 1914 und Rech: Die Arbeiter- und Beamtenschaft im deutschen Maschinenbau, Drucksache des VDMA 1920 Nr. 27.

als 200 dem VDMA sowohl 1914 wie 1920 angehörende Firmen bezieht, liefert den Nachweis, daß sich ihr Ergebnis mit dem Reichsdurchschnitt mit sehr großer Annäherung deckt. Die Zahlen der Tafel 29 (Abb. 19 und 20) geben also mit genügender Genauigkeit ein zuverlässiges Bild von der Entwicklung der Zusammensetzung der Belegschaft des deutschen Maschinenbaues seit 1914.

Zahlentafel 29.

				Beschäftigtenstand der Firmen des Vereins Deutscher Maschinenbauanstalten								
		Zahl der Firmen	Beschäftigte insgesamt	Auf 1000 Beschäftigte kamen		Auf 1000 Arbeiter kamen						
				Beamte	Arbeiter	Gelernte Facharbeiter	Angelernte Arbeiter	Ungelernte Hilfsarbeiter	Lehrlinge	Jugendliche Hilfsarbeiter	Weibliche Arbeiter	Sonstige Arbeiter
Juli	1914 .	246	183072	163	837	509	202	148	115	26	—	—
,,	1915 .	238	102837	142	858	398	197	149	141	48	67	—
,,	1916 .	501	313924	127	873	307	191	122	125	61	160	34
,,	1917 .	629	405079	99	901	281	176	106	97	63	245	33
,,	1918 .	797	518769	115	885	273	167	113	102	57	254	37
Okt.	1918 .					283	147	103	98	51	286	31
Nov.	1918 .					266	167	127	93	48	266	33
Dez.	1918 .					305	171	144	110	47	209	14
Jan.	1919 .	814	522790	115	885	367	190	151	125	37	128	1
Febr.	1919 .					386	193	156	131	37	96	—
März	1919 .					391	194	157	132	37	87	—
April	1919 .					391	197	160	134	35	83	—
Juli	1919 .	911	392944	157	843	417	194	157	152	33	46	—
,,	1920 .	866	447961	155	845	444	187	171	135	30	34	—
,,	1921 .	949	458574	166	834	449	194	167	135	25	33	—
,,	1922 .	1101	540421	171	829	457	191	176	123	27	26	—
,,	1923 .	1212	518044	177	823	466	191	169	129	23	22	—
,,	1924 .	1183	412768	186	814	484	192	140	150	15	19	—
,,	1925 .	1141	385666	185	815	494	191	134	145	16	20	—

Die Zunahme der Beamten mit dem Fortschreiten der Inflation ab 1921, die Vermehrung der ungelernten Arbeiter gegenüber 1914 und der aus der Kriegszeit übernommene Rest von weiblichen Arbeitern, die vor dem Kriege überhaupt nicht in der Maschinenindustrie verwendet wurden, sind der Ausdruck für das oben besprochene Anwachsen der Zahl der unproduktiven Arbeitskräfte. Diese Erscheinung tritt in den Zahlen nicht so auffällig wie in den Angaben des Siemens-Konzerns und der Firma Borsig hervor, weil begreiflicherweise bei diesen großen Firmen das Personal der Verwaltung und der Betriebs- und Konstruktionsbüros ganz anders ins Gewicht fällt als bei den kleineren Firmen, deren Summe aber den Reichsdurchschnitt maßgeblich beeinflußt. Daß die Verschiebungen um wenige vH gleichwohl große

Zahlen bedeuten, lehrt die Nachrechnung für den einzelnen Fall. Nimmt man die Anteilsziffern von 1914 als normal an, so fehlten 1922 an Facharbeitern und angelernten Arbeitern, die doch hauptsächlich die produktiven Arbeitskräfte darstellen, zusammen 6,3 vH der Gesamtarbeiterschaft, was etwa 28200 Mann entspricht. An Facharbeitern allein fehlten 1924 immer noch 2,5 vH oder 8300 Mann. Anderseits gab es 1924 gegenüber dem Stand vor dem Kriege 2,3 vH oder 9631 Beamte mehr. Diese Zahlen sind natürlich relativ zu den durch die Statistik jeweilig erfaßten Firmen- und Beschäftigtenzahlen.

Die beiden ersten Beispiele zeigen, daß noch immer Mangel an Facharbeitern besteht, der auch allenthalben in den monatlichen Erhebungen des VDMA zum Ausdruck kommt. Nach dem Sinken der Facharbeiterzahl in den letzten Kriegsjahren auf rund 50 vH des Standes vor dem Kriege hat sie auch 1925 noch nicht ganz die alte Höhe wieder erreichen können. Offenbar konnten die Lücken, die der Krieg in den alten Stamm der Facharbeiter riß, noch nicht voll ausgefüllt werden. Deswegen wird die Maschinenindustrie der Lehrlingsausbildung die größte Beachtung schenken müssen.

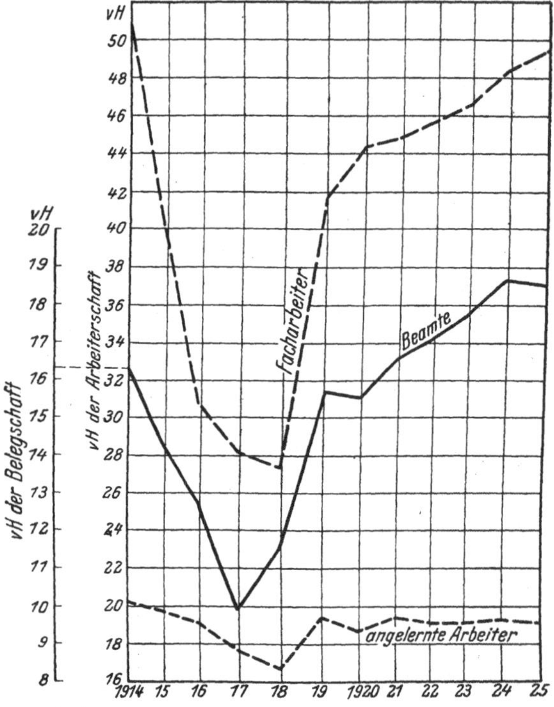

Abb. 19. Anteil der Beamten an der Belegschaft und der Facharbeiter und angelernten Arbeiter an der Arbeiterschaft im deutschen Maschinenbau 1914—1925.

Im Interesse eines ausreichenden Nachwuchses der Facharbeiterschaft ist das Steigen der Lehrlingsanteilsziffer im Jahre 1924 nach der vorangegangenen rückläufigen Bewegung zu begrüßen. In dieser Beziehung sind die Zahlen der Tafel 29 deswegen einwandfrei, weil es sich hier nicht um die absoluten Zahlen, sondern um das Verhältnis der Lehrlingszahlen zu den Facharbeiterzahlen handelt. Nach Überwindung der Inflation, die durch die Nivellierung der Löhne (vgl. S. 56) den Anreiz, ein Fach zu erlernen, herabminderte und insofern ungünstig auf die Lehrlingsausbildung einwirkte, ist zu hoffen, daß die Maschinenindustrie die Heranbildung eines guten Facharbeiternachwuchses in Lehrwerkstätten und Werkschulen, die große Firmen wie Ludwig Loewe, die M.A.N., Borsig, Siemens & Halske usw. bereits vor dem Kriege unterhielten, mit Erfolg wird systematisch aufnehmen können, um das erste Erfordernis der Qualitätsarbeit, die immer den deutschen Maschinenbau ausgezeichnet hat, sicherzustellen. Wesentlich dafür ist die Ermittlung der Verhältniszahl[1]) der zum Ersatz der Facharbeiter eines Werkes erforderlichen Lehrlinge und deren richtige Verteilung[1]) auf die einzelnen Facharbeitergruppen in den Betrieben.

Die Zahlen für die Lehrlinge in Tafel 29 schließen die **Ingenieurpraktikanten** mit ein, von denen aber durchschnittlich auf 1000 Arbeiter nur 6—8, also 0,6 bis 0,8 vH kommen, so daß sie die Zahlen der eigentlichen Lehrlinge kaum beeinflussen. Auch die Frage der Praktikanten bedarf einer einheitlichen und planmäßigen Lösung durch die Industrie, um den Wettbewerb mit der amerikanischen Ingenieurausbildung erfolgreich aufzunehmen.

Für die Kriegszeit charakteristisch sind in Zahlentafel 29 (Abb. 19 und 20) der Rückgang der Beamtenziffern und der Ersatz der Facharbeiter,

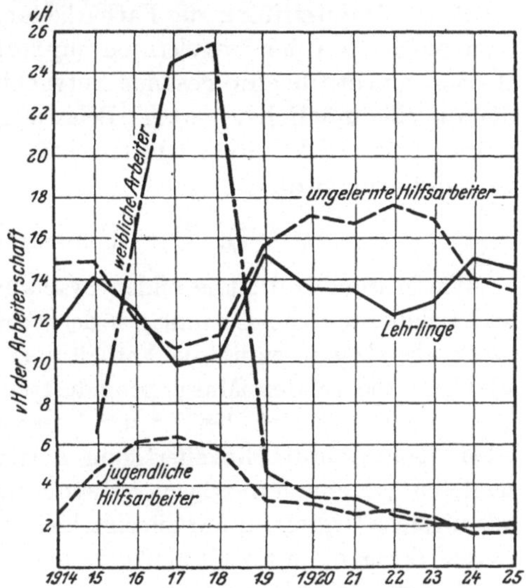

Abb. 20. Anteil der ungelernten Hilfsarbeiter, Lehrlinge, jugendlicher Hilfsarbeiter und weiblichen Arbeiter an der Arbeiterschaft im deutschen Maschinenbau 1914—1925.

angelernten und ungelernten Arbeiter durch jugendliche und namentlich weibliche Arbeiter. Von Juli 1918 bis Juli 1919 konnten nach Kriegsende vor Inkrafttreten der Demobilmachungsverordnung (vgl. S. 62) die Betriebe zunächst ihre Belegschaft wesentlich verkleinern. So erklärt es sich, daß zwischen diesen beiden Daten die Firmenzahl in Zahlentafel 29 bedeutend stieg, die Beschäftigtenzahl aber trotzdem ebenso bedeutend fiel. Erst in den folgenden Jahren wirkten sich dann die Einflüsse aus, die zu einer unverhältnismäßigen Steige-

---

[1]) Vgl. Toussaint: Der Facharbeiternachwuchs in der Berliner Metallindustrie, „Maschinenbau-Wirtschaft", 1924 Nr. 17, und Litz: Ausbildung gewerblicher Lehrlinge in der Metallindustrie, 1925 Nr. 7, 8 und 9 derselben Zeitschrift, sowie die Arbeiten und Veröffentlichungen des Deutschen Ausschusses für technisches Schulwesen bei dem V.D.I.

rung der Belegschaft führten. Interessant ist es, wie auffallend nach Aufhebung der Entlassungsbeschränkungen die Beschäftigtenziffer bei nahezu gleicher Firmenzahl von 1923 bis 1924 gefallen ist; diese Tendenz hat sich bis Juli 1925 und seitdem in verstärktem Maße (vgl. Zahlentafel 46 auf S. 116) wegen Verschlechterung der Geschäftslage fortgesetzt. Die Zunahme der Anteilsziffer der Beamten in diesem Zeitraum ist wohl nicht auf Neueinstellungen, sondern auf ein relativ zu den Arbeitern geringeres Maß von Entlassungen zurückzuführen. Daß trotz Sinkens des Anteiles der Gesamtarbeiterschaft an der Belegschaft die Anteilsziffern der Facharbeiter, gelernten Arbeiter und Lehrlinge auf Kosten der ungelernten, jugendlichen und weiblichen Arbeiter stiegen, spricht für eine gesunde Entwicklung in der Maschinenindustrie, die auf eine möglichst geringe Belastung durch unproduktive Arbeitskräfte, eine starke Facharbeiterschaft und Sicherung ihres Ersatzes gerichtet sein muß.

3. Die Preisbildung.

Wie in jeder Industrie bilden zwar auch im Maschinenbau Material- und Lohnkosten die Grundlagen der Preispolitik, in keinem Industriezweig aber liegen wohl die Verhältnisse für die Preisbildung derartig schwierig wie in der Maschinenindustrie. Nur in beschränktem Umfange handelt es sich bei ihr um Massenerzeugung völlig gleicher Gebilde, Reihen- und Einzelfertigung herrschen vor. Dabei müssen die zahllosen verschiedenartigen Aufwendungen für Material, Löhne und mannigfache Unkosten auf die einzelnen, meist außerordentlich differenzierten Erzeugnisse anteilsmäßig verteilt werden, was um so schwieriger ist, da eine Maschinenfabrik in der Regel mehrere Fabrikationszweige pflegt (vgl. S. 6). Dazu tritt in der Preisbildung die Erschwernis durch die lange, oft viele Monate dauernde Herstellungszeit und Lieferungsfrist, in der unter Umständen einzelne Kostenteile wie Material und Lohn größeren Schwankungen ausgesetzt sind. Schließlich verlangt der Maschinenexport im Wettbewerb mit dem unter unbekannten und verschiedenen Produktionsverhältnissen arbeitenden Ausland eine besonders sorgfältige Preisbestimmung. Die Summe dieser und anderer Gesichtspunkte bedingt im Maschinenbau eine genaue, fein gegliederte Selbstkostenberechnung. Sie schützt nicht nur vor zu niedrigen bzw. zu hohen, den Absatz schädigenden Verkaufspreisen, sondern gibt auch einen Einblick in die Wirtschaftlichkeit sowohl des ganzen Werkes wie auch seiner einzelnen Werkstätten und Abteilungen. Daraus können sich die wertvollsten Anregungen ergeben, wo Verbesserungen der Betriebsmittel oder der Organisation angebracht erscheinen, wo mit unverhältnismäßigem Verlust gearbeitet und daher Abhilfe nötig wird, an welcher Stelle der Bezug von auswärts billiger ist als die eigene

Herstellung, wie sich der Gesamtverdienst auf die einzelnen Erzeugnisse und Abteilungen verteilt usw. Der Selbstkostenberechnung[1]) kommt also im Maschinenbau eine außerordentliche Bedeutung zu.

Es kann sich im Rahmen dieser Arbeit nicht darum handeln, Grundsätzliches über die Einrichtung und Durchführung einer zweckmäßigen Selbstkostenberechnung zu sagen. Unter Voraussetzung dieser Elemente sollen vielmehr in diesem Abschnitt nur diejenigen Erscheinungen der Selbstkostenberechnung, Zahlungsbedingungen und Preisbildung der Vergangenheit und Gegenwart behandelt werden, die auf die augenblickliche Lage des Maschinenbaues von Einfluß sind und waren bzw. Schlüsse auf die Zukunft zulassen. Dazu gehören die Schwierigkeiten, mit denen Selbstkostenberechnung und Zahlungsbedingungen in Zeiten der Inflation verknüpft waren, die Rentabilität der Betriebe bei schwankendem Beschäftigungsgrad, die Verschiebungen in der Zusammensetzung der Selbstkostenanteile und die Preisentwicklung seit der Stabilisierung.

Gerade im Maschinenbau mit seinen komplizierten Erzeugnissen, die keine vertretbare Ware, keinen Massenartikel darstellen, und bei seinen langen Lieferfristen mußte die Inflation die Selbstkostenberechnung bis zur Unmöglichkeit erschweren und die Unternehmen der Gefahr finanzieller Verluste in besonderem Maße aussetzen. Wenn auch diese Zeit hoffentlich endgültig der Geschichte angehört, so hat ihre Betrachtung doch mehr als nur historischen Wert. Denn die heute so geschwächte Wirtschaftskraft des deutschen Maschinenbaues und sein Verhältnis zum Auslandsmarkt sind zum Teil Wirkungen der Inflationszeit. Im Inlande paßten sich Materialpreise und Löhne den schnellen Wertveränderungen des Zahlungsmittels nicht an. Man bot zu Preisen an, die am Goldmaßstab gemessen weit unter den Selbstkosten lagen. Man glaubte an Gewinne, wo tatsächlich Verluste vorlagen. Jeder neue Sturz der Mark brachte eine Flut von Aufträgen aus dem Ausland herein, welches den Vorteil, den die sinkende Mark ihm bot, schneller als das Inland begriffen hatte. Diese Scheinblüte des Ausfuhrgeschäftes war in Wahrheit der große Ausverkauf, der nicht den Gegenwert des Verkaufswertes hereinbrachte, sondern bare Verluste und Kapital- und Substanzschwund zur Folge hatte. In den Pausen des Marksturzes dagegen, wenn die Währung für kurze Zeit stabil blieb, trat erst die wahre Verteuerung der deutschen Produktionsverhältnisse in Erscheinung: der ausländische Wettbewerb konnte dann auf eigenem wie auf fremdem Markte vorteilhafter anbieten als der deutsche.

Die Entwertung war keine einheitliche. Für verschiedene Produktionsfaktoren und Erzeugnisse wie Lohn, Material usw. war die Ent-

---

[1]) Vgl. die diesbezügliche Buchliteratur und die vom VDMA 1921 herausgegebene Denkschrift „Selbstkostenberechnung im Maschinenbau".

wertungsziffer eine verschiedene mit zum Teil sehr erheblichen Abweichungen. Die Anwendung einer Kennziffer oder des Goldmaßstabes war daher für den Maschinenbau unmöglich und mußte zu völlig falschen Ergebnissen in der Preisbildung führen. Wie verwirrend diese Tatsache auf die Selbstkostenberechnung einwirkte, wie sie die übliche Vorkalkulation unmöglich machte und die Voraussicht eines Gewinnes oder Verlustes bei Abwicklung eines Geschäftes erschwerte, dafür geben folgende Zahlen ein treffendes Beispiel[1]). Bei der Hanomag erfolgte am 1. April 1922 die Bestellung einer Maschine, die am 1. November des gleichen Jahres fertiggestellt war und geliefert wurde. Die Summe der Ausgaben für Material, Lohn und Unkosten in diesen 7 Monaten, also die Summe der Selbstkosten der bestellten Maschine betrug buchmäßig 14,4 Mill. $\mathcal{M}$., wenn man die Markwerte der einzelnen Posten am Tage ihrer Ausgabe addiert. Bezieht man dagegen die gleichen Kosten auf einen einheitlichen Geldmaßstab, nämlich die Kaufkraft des Geldes am 1. November 1922, am Tage der Fertigstellung und Lieferung der Maschine, so stellt sich der Tageswert der Selbstkosten auf 55,3 Mill. $\mathcal{M}$. Bei einem Verkauf der Maschine am Fertigstellungstage erschien also jeder Betrag, der über 14,4 Mill. $\mathcal{M}$. lag, in den Büchern als Gewinn, während in Wahrheit jeder Betrag unter 55,3 Mill. $\mathcal{M}$. ein durch die Buchführung nicht erfaßter Verlust für das Werk war, der die Substanz des Unternehmens angriff. In der Bilanz erschien die ziffernmäßige Differenz von 40,9 Mill. $\mathcal{M}$. als Gewinn, obwohl sie kein Gewinn war. Die Perspektive, daß von diesem scheinbaren Gewinn vielleicht dann noch Steuern bezahlt und Dividenden verteilt wurden, zeigt die Quellen der Verluste und die Schwierigkeiten der Bilanzierung, welche in den Zeiten der Inflation die Maschinenfabriken in der Beurteilung ihrer Wirtschaftlichkeit täuschten, ganz abgesehen von der Unmöglichkeit, die Werte der Abschreibungen zur Erhaltung der Werksanlagen, der Lagerbestände und der stillen Reserven richtig in die Bilanz einzusetzen.

Die wechselnden Verfahren einer richtigen Erfassung der Selbstkosten spiegelt die Entwicklung der Zahlungsbedingungen[2]) wider. Als die ausländische Bewertung der Mark während des Krieges die Friedensparität verließ, ging der Maschinenbau 1917 zu Gleitpreisen über, die auf Ausgleichssätzen in Hundertteilen des Grundpreises (Stand von 1916) beruhten. Diese erste Periode der Gleitpreise dauerte bis An-

---

[1]) Vgl. ter Meer: Wirtschaftliche Zeitfragen des deutschen Maschinenbaues, Drucksache des VDMA 1923 Nr. 4.

[2]) Literatur: Geschäftsberichte 1922 bis 1924 des VDMA, zahlreiche Aufsätze in den Jahrg. 1 bis 3 der Zeitschr. „Maschinenbau-Wirtschaft", Reuter: a. a. O. (S. 34) S. 116 bis 122 und die an diesen Stellen angegebenen Quellen.

fang 1920, wo der Marksturz seinen zunächst tiefsten Stand erreichte. Während des Stillstandes in der Verschlechterung der Mark ging man dann wieder zu Festpreisen über, in der Erkenntnis, daß die Abkehr des deutschen Maschinenbaues von seiner anerkannten Zuverlässigkeit in Preis und Lieferung zum Verlust des Auslandsmarktes führen mußte, und daß Gleitpreise in Verbindung mit einer spekulativen Ausbeutung des Marksturzes die Inflation nur beschleunigen konnten. Im Herbst 1921 setzte das Sinken der deutschen Valuta erneut und in schnellerem Tempo als zuvor ein. Die Festpreise rächten sich. Die Bezahlung ausgeführter Aufträge brachte nur einen Bruchteil des gelieferten Sachwertes ein. Festpreisverträge mußten geändert oder gar gelöst werden, wollten die Lieferwerke nicht ungeheuren Schaden erleiden. Ausland und Inland machten den Vorwurf der Vertragsuntreue, der in zahllosen Lieferungsprozessen seinen Niederschlag fand. Im Ausland hat diese Periode dem deutschen Maschinenbau zweifellos erheblichen Abbruch getan.

Man kam nun mit einfachen Wagniszuschlägen nicht mehr aus, die Festpreise verschwanden wieder und die folgende Zeit bildete eine Fülle von Formen des Preisvorbehaltes aus. Er hatte den doppelten Zweck, dem Hersteller die Erstattung der tatsächlichen Selbstkosten zuzüglich eines angemessenen Gewinnes zu sichern und dem Käufer die Verfolgung und Nachprüfung der preissteigernden Faktoren zu ermöglichen, damit er vor Übervorteilung geschützt war und seine geschäftlichen Maßnahmen hinsichtlich der Verteuerung des Angebotspreises rechtzeitig treffen konnte. Die Anfang und Mitte 1922 übliche Form des Preisvorbehaltes bildete die Material- und Lohnklausel; genauer ein Preisvorbehalt, der auf einzelnen Faktoren der Selbstkosten aufgebaut war, d. h. bei der Verteuerung einer Materialsorte oder des Lohnes um 1 vH steigerte sich der Angebotspreis um den vereinbarten Bruchteil von 1 vH. Aus verschiedenen Gründen führte diese Art der Preisbildung zu groben Ungenauigkeiten, Streitigkeiten und Verlusten auf der einen oder der anderen Seite. Meist entsprach bei der Mannigfaltigkeit der Erzeugnisse des Maschinenbaues das Verhältnis der vereinbarten Koeffizienten nicht dem Verhältnis der Anteile von Material und Lohn an den Selbstkosten. Anderseits wurde die Preisbewegung parallel zu nur einer Materialsorte den Verhältnissen nicht gerecht, weil sich die Preise der Roh- und Hilfsstoffe des Maschinenbaues ganz verschieden änderten. Diese und andere Unzulänglichkeiten zwangen zu den verschiedensten Abwandlungen der Material- und Lohnklausel, da die Entwertungsziffer für verschiedene Erzeugnisse erheblich differierte, je nachdem dafür verschiedene Materialien oder mehr oder weniger Löhne und Unkosten erforderlich waren.

Gleichwohl konnten alle nur an einzelne Faktoren der Selbstkosten fest gebundenen Preisvorbehalte die aus den erwähnten Quellen resultierenden empfindlichen Verluste nicht ausschalten. Diese Erkenntnis führte Mitte 1922 zu vorübergehender Preisstellung in Goldmark, wobei meist über den Dollar gerechnet wurde. Dieses Kurssicherungsverfahren bestimmte, daß anstatt der Marksumme des Angebotspreises eine mit dem Entwertungsfaktor der deutschen Valuta vervielfältigte Marksumme zu zahlen war. So einfach und automatisch diese Zahlungsweise schien, wurde dennoch auch sie der Entwicklung der Gestehungskosten nicht gerecht; denn diese blieben bei schnellerer Markentwertung hinter dem Kurse zurück, sie stiegen dagegen weiter, wenn der Kurs der gleiche blieb oder sich besserte. Der Preis fiel also bei fallender Mark zu hoch, bei fester oder steigender Mark zu niedrig aus. Das bedeutete, daß die Ursachen für die Lieferungsstreitigkeiten und den Auftragsrückgang bzw. für die Verluste des Herstellers nur verschoben, aber nicht behoben waren. Auch die Preisbildung nach der Kursgleitung erwies sich daher als unhaltbar, wenn sie nicht gleichzeitig mit der Material- und Lohnklausel verbunden wurde, was ebenfalls vorübergehend in der zweiten Hälfte 1922 geschah. Freilich blieb auch dann noch diese Art der Preisberechnung aus den besprochenen Gründen unzulänglich und verlustbringend.

Die mit den Schwierigkeiten der Selbstkostenberechnung und Zahlungsbedingungen verbundene wirtschaftliche Schwächung, die in hohem Maße noch die gegenwärtige Lage der Maschinenindustrie bestimmt, trat in den Zeiten des zunächst langsamen Falles der Mark und der Anpassung der Industrie an diese Erscheinung nicht so schnell ins Bewußtsein, wie es einer heute rückschauenden Betrachtung der Inflationsjahre wohl erscheinen mag. Wie lange noch die Industrie an der aus besseren Zeiten gewohnten Praxis festhielt, geht aus der Erwähnung im Geschäftsbericht 1922 des VDMA hervor, daß noch bis zum April 1922 Festpreisgeschäfte von Maschinenfabriken in größerem Umfange abgeschlossen worden sind! Im Herbst 1922, als die Markentwertung bereits etwa das 400fache des Standes von 1913 erreicht hatte, sprach sich der VDMA gegen jede mit dem Kurse gleitende Preisbildung aus, um jeglichen spekulativen Einfluß von der Geschäftspolitik des Maschinenbaues fernzuhalten. Dafür wurde nun das System der bisher schon vereinzelt angewendeten Teuerungsfaktoren allgemein ausgebildet. Diese Ausgleichssätze gingen nicht wie die Material- und Lohnklausel und ihre Abarten von einzelnen Bestandteilen der Selbstkosten aus, sondern sie waren ein Produkt aus dem Anteil und den Preisveränderungen aller nur irgendwie rechnerisch erfaßbaren und laufend zu verfolgenden Faktoren, die den Preis bestimmen. Also es wurden sowohl die verschiedenen Arten von Material und Lohn unterschiedlich behandelt, als auch fanden die Unkosten möglichst differenziert Berücksichtigung bei der Festsetzung der Preisänderungsziffern.

Da naturgemäß für jedes Erzeugnis des Maschinenbaues wegen der anteilmäßig verschiedenen Zusammensetzung der Selbstkosten und der Verschiedenheit im Material die Berechnung gesondert und bei der Schnelligkeit der Inflation in sehr kurzen Abständen immer neu erfolgen mußte, übernahmen die Fachverbände des Maschinenbaues die laufende Verfolgung der Preisveränderung aller Kostenteile und die regelmäßige Veröffentlichung der Teuerungsfaktoren, die ab Februar 1923 wöchentlich im VDMA-Blatt erfolgte. Die Überlegung, daß diesem Verfahren sozusagen hinsichtlich der Wertung der Unkostenteile und anderer Faktoren eine Einheitsfabrik zugrunde gelegt werden mußte, zeigt die Mängel und Gefahrquellen auch dieser Art der Preisberechnung, die der Eigenart des einzelnen Werkes nicht gerecht wurde. Gleichwohl hatte die systematische Einführung der von den Fachverbänden berechneten Ausgleichssätze, die meist als Vielfaches der Preise vor dem Kriege den Tagespreis ergaben, den Erfolg, wieder Einheitlichkeit und die den Umständen nach mögliche Sicherheit in die Preispolitik des Maschinenbaues zu bringen. Als Mitte 1923 die Rohstoffindustrie mit der Rechnungserteilung in Goldmark begann, ging auch der Maschinenbau zu Goldmarkpreisen über, die aber fast ausnahmslos zu den Teuerungsfaktoren relative Gleitpreise blieben.

Alle Preisvorbehalte liefen darauf hinaus, daß bei Abschluß eines Geschäftes der Grundpreis, eine der erwähnten Gleitklauseln oder ihrer vielen Kombinationen, Zahl, Höhe und Tage der Teilzahlungen und deren Anrechnung auf den Schlußpreis vereinbart wurden. Das übliche Zahlungsverfahren, welches bei den für den Maschinenbau typischen langfristigen Lieferverträgen in Anwendung kommt, sieht in normalen Zeiten die Zahlung des Kaufpreises in der Weise vor, daß ein Drittel bei Bestellung, ein weiteres Drittel bei Lieferung und das letzte Drittel nach Montage zu zahlen ist, sofern nicht der Käufer einen längeren Kredit beansprucht. Unter dem Zwange der Inflationswirkungen und nach Maßgabe des jeweilig angewandten Preisvorbehaltes mußte dieser Zahlungsmodus bezüglich der Anzahl, der Höhe und der Stichtage der Teilzahlungen die verschiedensten Abwandlungen erfahren. Bei Anwendung der Material- und Lohnklausel beispielsweise richteten sich die Stichtage nach dem Zeitpunkt der Ausgaben für die Materialbeschaffung und die Löhne. Ein anderer Gesichtspunkt für die Wahl der Höhe und der Fälligkeit der Teilzahlungen war die Überlegung, daß sie möglichst eng dem zeitlichen und mengenmäßigen Verlauf[1] der für die Ausführung des Auftrages notwendigen Ausgaben des Herstellers anzupassen seien, um diesen vor Verlusten durch die Geldentwertung zu schützen. Mitte 1922 aufgestellte Richtlinien des VDMA

---

[1] Vgl. Frölich: Preisvorbehalt, Zahlungsbedingungen, Preis, Drucksache des VDMA 1922 Nr. 13.

forderten daher, daß die Anzahlung bei Bestellung erhöht, die Zahl der Teilzahlungen vermehrt und die Abschlußzahlung prozentual verringert werden sollten. Es ist klar, daß keins der vielen verschiedenen Verfahren den Hersteller vollkommen vor Valutaverlusten zu schützen vermochte, weil ja die Werterhaltung aller Teilzahlungen durch Deckung von neuen Material-, Lohn- oder anderen Kosten wegen des unvermeidlichen Zeitunterschiedes niemals vollständig dem verausgabten Wert, für den die Zahlungen eingingen, entsprechen konnte. Allen Verfahren gemeinsam war das eine, daß die nach Höhe, Zahl und Fälligkeit im Lieferungsvertrag vorgesehenen Teilzahlungen gegenüber dem entsprechenden Teil des Angebotspreises nach der Wirkung der vereinbarten Gleitklausel, also z. B. im Verhältnis der Steigerung des Teuerungsfaktors zwischen Bestelltag und Stichtag, erhöht wurden. Stark umstritten dagegen war die Frage, wie die Teilzahlungen auf den Abschlußpreis anzurechnen seien. In den Zeiten des anfänglich langsamen Sturzes der Mark war das Auffüllverfahren üblich, wobei die entsprechend der Gleitklausel erhöhten Teilzahlungen nur mit ihrem Nennwert (Papiermarkziffer) auf den mittels des Preisvorbehaltes errechneten Abschlußpreis angerechnet, also aufgefüllt wurden. Als dann ab Ende 1922 bei langfristigen Geschäften Angebots- und Abschlußpreis bzw. die Papiermarkziffern der Teilzahlungen und Restzahlung wegen des schnelleren Fortschreitens der Inflation in gewaltigem Ausmaß differierten, wandten die Abnehmer ein, daß das Auffüllverfahren, in Gold gerechnet, dem Lieferer mehr zuwende, als dem Bestellpreis entspreche. Sie verteidigten das Abgeltungsverfahren, welches jede nach der Gleitklausel erhöhte Teilzahlung als erledigt, als abgegolten ansah. Während also beim Auffüllverfahren der Käufer das Wagnis der Geldentwertung trug, fiel es beim Abgeltungsverfahren, das immer mehr Eingang fand, dem Lieferer zu und setzte ihn den geschilderten Verlustmöglichkeiten aus. Im Auffüllverfahren dagegen lag die Gefahr, daß bei Besserung der Mark am Schlußtage überhaupt keine Beträge mehr fällig waren.

Ein Rückblick auf die Jahre der Inflation, die der Preisbildung und den Zahlungsverfahren im Maschinenbau teilweise unüberwindliche Schwierigkeiten entgegensetzte, muß bei der Vielfältigkeit der Erscheinungen, Verfahren und ihrer Kombinationen bewußt auf Vollständigkeit und erschöpfende Behandlung verzichten. Die hier gegebene Schilderung kann und will auch nur das für die Preisbildung Typische jener Zeit zu dem Zweck kennzeichnen, um die Verlustquellen aufzuzeigen, welche für den Maschinenbau während der Inflation in der Eigenart seiner Kostenrechnung und seines Lieferungsgeschäftes lagen. Denn die heutige Schwächung der deutschen Maschinenindustrie resultiert zum großen Teil aus diesen Verlustquellen.

Ende 1923 war der Übergang zur Goldmarkrechnung im Maschinenbau allenthalben vollzogen. Die Goldmarkpreise waren nach der Stabilisierung zunächst noch Gleitpreise auf Grund von Goldfaktoren, welche die Fachverbände relativ zu den Vorkriegspreisen laufend veröffentlichten, da die Materialbeschaffung zu Festpreisen zunächst noch nicht möglich war. Mit dem wachsenden Vertrauen zur Rentenmark setzten sich Festpreise immer mehr durch, die seit Ende 1924 wieder allgemein die Geschäftspolitik des Maschinenbaues beherrschen.

Ein auf Vergangenheit und Gegenwart gleichermaßen bezügliches Moment, das auf die Wirtschaftskraft des Maschinenbaues wie allerdings auch mehr oder weniger aller anderen Produktion von Einfluß war und ist, bildet der Zusammenhang von Selbstkosten und Beschäftigungsgrad. Die Friedenszeiten normaler Wirtschaftsverhältnisse und der Krieg und die erste Nachkriegszeit mit zunächst überreichlicher und dann noch immer leidlicher Beschäftigung des Maschinenbaues hatten die Erkenntnis, in wie starkem Maße Rentabilität und spezifische Selbstkosten der modernen Industriebetriebe von Auftragseingang und Absatz abhängig sind, nicht recht bewußt werden lassen. Erst mit dem Jahre 1923, gekennzeichnet durch die Ruhrbesetzung und den Zusammenbruch der deutschen Währung, und von da ab unter den Wirkungen der Stabilisierungskrise bis in die Gegenwart hinein zeigte das Beispiel zahlloser zu Produktionseinschränkungen gezwungener Firmen und ihrer Zahlungsschwierigkeiten weiteren Kreisen mit Deutlichkeit, daß die Summe der Selbstkosten nicht im gleichen Verhältnis wie die Produktion sinkt, sondern die festen Kosten gegenüber den beweglichen bei schlechtem Beschäftigungsgrad eine bedeutende Rolle spielen[1]). Während die Kosten der in den Erzeugnissen verarbeiteten Materialien relativ immer die gleichen bleiben, unterliegen die Fertigungslöhne bereits der Abhängigkeit vom Beschäftigungsgrad, wenn der im Zeitlohn beschäftigte Arbeiter das psychologisch verständliche Bestreben zeigt, die Arbeit zu „strecken“. In ganz anderem Maße aber unterliegen große Gruppen der Unkosten dieser Abhängigkeit, besser gesagt Unabhängigkeit, weil sie nicht im gleichen Maße wie die Produktion oder überhaupt nicht sinken, also feste Kosten sind. Teile der Fabrikationsunkosten z. B. wie die für Heizung, Beleuchtung, zentrale Betriebskraft und Unterhaltung der Maschinen folgen nicht prozentual gleichmäßig dem Produktions-

---

[1]) Vgl. Simon: Selbstkosten und Rentabilität industrieller Betriebe in Abhängigkeit vom Beschäftigungsgrad, „Technik und Wirtschaft“, 1924 Nr. 8; „Zusammensetzung der Selbstkosten und ihre Abhängigkeit vom Beschäftigungsgrad“, Drucksache des VDMA 1925 Nr. 1; Peiser: Der Einfluß des Beschäftigungsgrades auf die industrielle Kostenentwicklung, Berlin 1924, Verlag Julius Springer; und die dort angegebene Literatur.

rückgang, und zur gleichen Gruppe gehörige Unkosten wie die für die Unterhaltung der Gebäude, die Gehälter der Angestellten und Meister ändern sich wenig oder gar nicht. Überwiegend feste Unkosten sind auch die Kapitalkosten, die für Verzinsung des Anlage- und umlaufenden Kapitals und für Abschreibungen der Anlagewerte aufzuwenden sind. In gleicher Weise sind fast alle Verwaltungsunkosten feste Kosten, z. B. die für Werbung, die bei schlechtem Beschäftigungsgrad sogar meist noch wachsen werden, für Steuern, Abgaben, Konstruktionsbüros, Expedition usw. Diese Überlegung zeigt übrigens, daß sich der kleine Betrieb den Schwankungen des Beschäftigungsgrades besser anzupassen vermag als der große, weil bei ihm der Anteil der festen Kosten für den Kapitaldienst, den Verwaltungsapparat usw. geringer ist. Die teilweise unvollkommene Abhängigkeit bzw. gänzliche Unabhängigkeit der Selbstkosten vom Beschäftigungsgrad bewirkt nun die Unwirtschaftlichkeit eines Werkes von dem Grade der Betriebsausnutzung an, wo, graphisch gedacht, die ungleich verlaufenden Linien der Verkaufspreise und der Selbstkosten sich schneiden. Die Linien gedachten Bildes mit dem Beschäftigungsgrad von 100 bis 0 vH als Abszisse verlaufen deshalb ungleich, weil bei Stillstand des Betriebes (Beschäftigungsgrad = 0) die Summe der Verkaufspreise gleich Null wird, von den Selbstkosten dagegen die festen Kosten weiter laufen, während bei voller Beschäftigung die Verkaufspreise um den Unterschied des Gewinnes über den Selbstkosten liegen.

Ein wirklich einwandfreies Bild der Entwicklung der Unkosten bei Produktionsrückgang wird zwar nur die rechnerische Ermittlung in jedem einzelnen Unternehmen liefern; es wird je nach den Erzeugnissen, den Arbeitsmethoden und der Werksorganisation, ganz abgesehen

Zahlentafel 30.

	Änderung der Selbstkosten			
	Beschäftigungsgrad			
	100 vH	66,6 vH	50 vH	0
	vH	vH	vH	vH
Fertigungsmaterial	36,2	24,1	18,1	—
Materialunkosten	2,8	2,5	2,1	0,34
Fertigungslöhne	15,0	10,0	7,5	—
Fertigungsunkosten	30,0	26,4	21,5	6,30
Vertriebs- und Verwaltungsunkosten	16,0	15,7	14,0	2,70
Selbstkosten	100,0	78,7	63,2	9,34
Verkaufspreis	120,0	80,0	60,0	—
Gewinn (+) bzw. Verlust (−) in vH des Verkaufspreises . . .	+ 16,6	+ 1,6	− 5,3	—

von der Betriebsgröße, verschieden ausfallen. Die Tendenz aber, daß Produktionsrückgang sehr bald zur Unwirtschaftlichkeit führt und sich verschiedene Unkostengruppen unter seinem Einfluß verschieden ändern, zeigen schon mit großer Klarheit die Ermittlungen des VDMA[1]), welche sich auf Angaben aus der Industrie stützen. Zahlentafel 30 enthält die für Anfang 1925 berechnete durchschnittliche Zusammensetzung der Selbstkosten, ihre Änderung für verschiedene Grade der Beschäftigung und den jeweiligen Gewinn bzw. Verlust.

Während die Kosten für Fertigungsmaterial und Fertigungslöhne (also ohne Berücksichtigung der obigen Einschränkung) und die Verkaufspreise in Zahlentafel 30 proportional mit der Produktionseinschränkung auf zwei Drittel bzw. die Hälfte des Betrages bei voller Beschäftigung sinken, folgen die Abteilungsunkosten nur teilweise und unter sich verschieden dieser Bewegung. Die Darstellung in Abb. 21 zeigt, daß unter Annahme eines linearen Verlaufes der Kurven zwischen den Werten der Zahlentafel 30 der Betrieb von etwa 62 vH Beschäftigungsgrad an unrentabel wird; selbstverständlich wird sich dieser Punkt

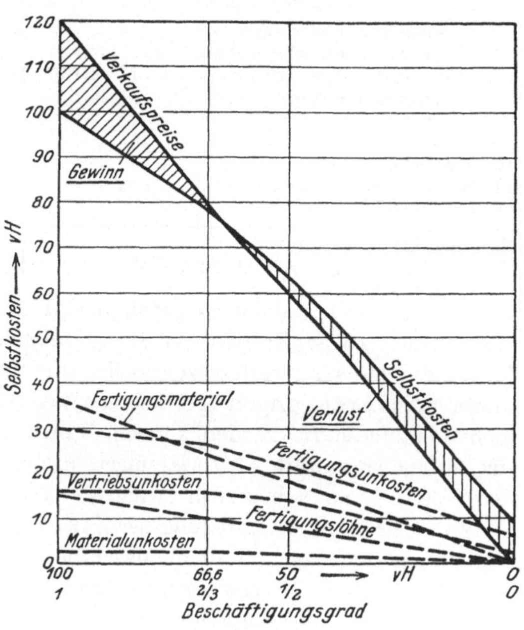

Abb. 21. Abhängigkeit der Selbstkosten vom Beschäftigungsgrad im Maschinenbau.

je nach Art der Erzeugnisse und Betriebe nach unten oder oben verschieben. Da die Veränderung der Abteilungsunkosten das verschiedene Verhalten von festen und beweglichen Unkosten nicht erkennen läßt, sind in Zahlentafel 31 die Änderungen der Unkostenarten noch besonders zusammengestellt.

Es zeigt sich, daß die Kapitalkosten (Positionen 5—8) fast ausnahmslos feste Kosten sind, daß die Gehälter und Reisekosten am wenigsten dem Kostenrückgang folgen, und daß die Werbekosten aus naheliegenden Gründen sogar steigen. Wie sich diese Tatsachen aus-

<hr>

[1]) Vgl. „Berechnung der Selbstkosten, insbesondere der Unkosten, bei verschiedenen Beschäftigungsgraden", Drucksache S. 6 des VDMA.

Zahlentafel 31.

	Änderung der Unkostenarten		
	Beschäftigungsgrad		
	100 vH	66,6 vH	50 vH
	vH	vH	vH
1. Hilfsmaterial bzw. Abfall	23,0	17,4	13,8
2. Gehälter	21,3	20,9	17,8
3. Hilfslöhne	12,3	11,0	7,6
4. Soziale Lasten	3,7	3,3	2,6
5. Abschreibung der Anlagen	4,5	4,5	4,5
6. Verzinsung des Anlagekapitals	10,0	10,0	10,0
7. Verzinsung des umlaufenden Kapitals	9,0	8,5	7,3
8. Sachversicherung	1,4	1,4	1,4
9. Reisekosten	3,3	3,3	3,0
10. Werbekosten	3,6	3,6	3,9
11. Steuern und Abgaben	7,3	6,5	4,9
12. Sonstiges	0,6	0,6	0,6
Summe der Unkosten	100,0	91,0	77,4
Unkostenzuschläge in vH zum Lohn . . .	325	450	500

wirken, ergibt sich aus der Steigerung des prozentualen Unkostenzuschlags
zum Lohn. Diese Zahlen, die für durchschnittliche Verhältnisse der
Praxis durchaus zutreffen, zeigen die mit den heute so häufigen Produktionseinschränkungen verbundenen Verluste, welche, wenn die Preise
nicht heraufgesetzt werden können, damit beginnen, daß die Beträge
für Zinsendienst und Abschreibungen nicht mehr hereinkommen, und
den Unternehmer schließlich zwingen, bares Geld zuzusetzen.

Wichtig für die Beurteilung der Zukunftsaussichten und eventueller
Verbilligungsmöglichkeiten im Maschinenbau ist die durchschnittliche
Änderung der Selbstkosten und ihrer Bestandteile seit 1914.
Auch in dieser Richtung hat der VDMA Erhebungen angestellt, aus
deren Ergebnissen die in der Zahlentafel 32 enthaltenen Zahlen errechnet sind. Auch diese Zahlen betreffen naturgemäß nur für den
Maschinenbau typische Verhältnisse, von denen die gleiche Berechnung
für manche Erzeugnisse und Produktionsbedingungen mehr oder
weniger abweichen wird, aber sie geben ein Bild davon, in welcher Richtung sich die einzelnen Kostengruppen gegeneinander verschoben haben.
Die Angaben der Zahlentafel 32 sind Durchschnittswerte aus zahlreichen,
von Firmen der Maschinenindustrie zur Verfügung gestellten Unterlagen, berücksichtigen also ein Mittel der für die Unkosten wesentlichen
Arbeitsmethoden und Organisationsverhältnisse und gelten für ein
Erzeugnis der Bauklasse D[1]) und ein mittleres Verhältnis zwischen den

---

[1]) Vgl. „Selbstkostenberechnung von Maschinen nach dem Bauklassenverfahren", Drucksache des VDMA 1924 Nr. 1. Die Erzeugnisse des

Anteilen für Fertigungsmaterial und Fertigungslohn (36 : 15 am 1. Januar 1925). Aus den Änderungen der Lohnsätze und der Materialpreise (unter Berücksichtigung des Anteils verschiedener Materialien am Produkt) ergeben sich die in den Spalten b, e, h enthaltenen Änderungsziffern für Fertigungslohn und Fertigungsmaterial. Die gleichen Ziffern für die drei Unkostengruppen errechnen sich als Produkt der Änderung der Zuschlagsbasis und des Quotienten

Maschinenbaues werden sowohl nach der Materialzusammensetzung wie nach dem Fertigungsgrad (Anteil des Fertigungslohnes zuzüglich der Fertigungsunkosten an den Herstellkosten) in Bauklassen eingeteilt. So bedeutet z. B. Bauklasse D 60 einen Fertigungsgrad von 60 vH und eine Materialzusammensetzung von 50 vH Gußeisen, 20 vH Stahlformguß, 28 vH Schmiedeeisen und 2 vH Metall. Dieses Verfahren ermöglicht es den Fachverbänden des Maschinenbaues bzw. dem VDMA, durch Verfolgen der Preise für Material, Lohn, Unkostenfaktoren usw. laufend für die verschiedenen Bauklassen Selbstkostenänderungsziffern relativ zu einem Stichtag zu notieren, die den Firmen des Maschinenbaues nach Eingliederung ihrer Erzeugnisse in eine der Bauklassen einen Anhalt für die Preisbildung geben.

Zahlentafel 32.

Entwicklung der Selbstkosten von 1914 bis 1926

	1914	1. Januar 1924			1. Januar 1925			1. Januar 1926		
	Anteil in vH	Änderung 1914 bis 1.Jan.1924	Änderung × Anteil	Anteil in vH	Änderung 1914 bis 1.Jan.1925	Änderung × Anteil	Anteil in vH	Änderung 1914 bis 1.Jan.1926	Änderung × Anteil	Anteil in vH
	a	b	c	d	e	f	g	h	i	k
Fertigungsmaterial	38,7	1,81	70,0	42,4	1,38	53,0	36,2	1,39	54,0	35,0
Materialunkosten	2,4	2,02	5,0	3,0	1,79	4,0	2,8	1,86	4,0	2,6
Fertigungslöhne	18,0	1,00	18,0	11,0	1,24	22,0	15,0	1,50	27,0	17,5
Fertigungsunkosten	27,9	1,68	47,0	28,5	1,60	44,0	30,0	1,65	46,0	29,9
Vertriebs- und Verwaltungsunkosten	13,0	1,92	25,0	15,1	1,77	23,0	16,0	1,77	23,0	15,0
Gesamte Selbstkosten	100,0	1,65	165,0	100,0	1,46	146,0	100,0	1,54	154,0	100,0
Fertigungsmaterial und Löhne	56,7	1,55	88,0	53,4	1,32	75,0	51,2	1,43	81,0	52,5
Gesamte Unkosten	43,3	1,78	77,0	46,6	1,62	71,0	48,8	1,68	73,0	47,5
Gesamte Selbstkosten	100,0	1,65	165,0	100,0	1,46	146,0	100,0	1,54	154,0	100,0

aus den beiden Zuschlagssätzen für je zwei Zeitpunkte (z. B. Änderung der Materialkosten von 1914 bis 1. Januar 1924 gleich 1,73, Änderung des Zuschlages der Materialunkosten in vH der Materialkosten in der gleichen Zeit von 6 vH auf 7 vH, also Änderung der Materialunkosten gleich $1{,}73 \cdot \dfrac{7}{6}$, d. h. 2,02). Aus den Änderungsziffern multipliziert mit den vH-Anteilen von 1914 folgen die gewogenen Vielfachen in den Spalten c, f, i und aus ihnen, wenn man ihre Summe, die zugleich die Änderungsziffer der gesamten Selbstkosten angibt, gleich 100 setzt, die veränderte Zusammensetzung der Selbstkosten in den Spalten d, g, k.

Die Zahlen der Tafel 32 bestätigen zunächst die verschiedene Entwicklung der Preise für Material und Lohn, die in den vorhergehenden Abschnitten besprochen ist (vgl. besonders die Zahlentafeln 24 und 25 auf S. 43/44 und Zahlentafel 28 auf S. 57). Zur Zeit der Stabilisierung (1. Januar 1924) waren die Materialpreise über die Weltmarktpreise erhöht, die Löhne dagegen hatten sich von dem Tiefstand in der Inflation nicht entfernt im gleichen Maße gehoben. Während daher bei einer Änderung der gesamten Selbstkosten von 1,65 die Änderung der Materialkosten 1,81 betrug, änderten sich die Lohnkosten überhaupt nicht. Durch Abbau der Rohstoffpreise und Anziehen der Löhne änderten sich diese Verhältnisse bis zum 1. Januar 1925. Von da ab stiegen die Löhne weiter, während die Rohstoffpreise sich kaum änderten. Diese Entwicklung drückt sich darin aus, daß das Verhältnis des Anteils der Fertigungsmaterialkosten zu dem der Lohnkosten von 68 : 32 im Jahre 1914 am 1. Januar 1924 völlig geändert 79 : 21 betrug und sich dann wieder rückbildend am 1. Januar 1925 auf 71 : 29 und am 1. Januar 1926 auf 67 : 33 stellte und damit dem Stand vor dem Kriege nahezu wieder gleichkam. Es ist übrigens zu bemerken, daß alle Ziffern ein Produkt nicht nur preismäßiger, sondern auch mengenmäßiger Änderung sind (wegen z. B. geringerer Arbeitsintensität und neuer Verfahren beim Lohn, veränderter Konstruktion bei den Materialkosten, Zunahme der unproduktiven Arbeitskräfte bei den Unkosten usw.). In der Entwicklung der gesamten Selbstkosten ist zu beobachten, daß die Selbstkosten durch Fallen der Änderungsziffern von 1,65 auf 1,46 während des Jahres 1924 um 11,5 vH sanken, Anfang 1926 aber wieder 93 vH der Höhe vom 1. Januar 1924 erreichten (vgl. Abb. 23 auf S. 82).

Für die Verhältnisse seit der Stabilisierung am meisten charakteristisch ist die anteilmäßige Zunahme der Unkosten aller Kategorien. Abgesehen von der erwähnten außerordentlichen Höhe der Materialkosten am 1. Januar 1924 liegen die Änderungsziffern für Fertigungsmaterial und Fertigungslohn durchweg unter den Werten der Gesamtänderung, die Ziffern aller drei Unkostengruppen dagegen durchweg darüber. Noch deutlicher wird das durch die entsprechenden Ziffern der Summen von Material und Lohn einerseits und aller Unkosten anderseits und durch die Verschiebungen des prozentualen Verhältnisses dieser Summen gegeneinander im unteren Teil der Zahlentafel 32. Entsprechend änderte sich der Zuschlag aller Unkosten bezogen auf den Fertigungslohn von 240 vH im Jahre 1914 auf 420 vH am 1. Januar 1924 (anormal wegen der geringen Lohnhöhe), auf 325 vH am 1. Januar 1925 und 270 vH am 1. Januar 1926. Eine Aufteilung der Unkosten in Kostenarten und deren Veränderungen von 1914 bis zum 1. Januar 1925 enthält die Zahlentafel 33.

Zahlentafel 33.

	1914	1. Januar 1925		
	Anteil in vH	Änderung 1914 bis 1. Jan. 1925	Änderung × Anteil	Anteil in vH
1. Hilfsmaterial	24,5	1,40	34,0	21,0
2. Abfall	2,5	1,38	3,5	2,0
3. Gehälter	30,5	1,15	35,0	21,5
4. Hilfslöhne	17,0	1,26	21,4	13,2
5. Soziale Lasten	3,0	2,00	6,0	3,7
6. Abschreibungen	4,5	1,80	8,1	5,0
7. Verzinsung des Anlagenkapitals	2,8	5,40	15,1	9,6
8. Verzinsung des umlaufenden Kapitals	4,2	3,00	12,6	8,0
9. Sachversicherung	1,5	1,20	1,8	1,0
10. Reisekosten	4,0	1,50	6,0	3,7
11. Werbekosten	3,5	1,80	6,5	4,0
12. Steuern und Abgaben	2,0	6,00	12,0	7,3
Gesamte Unkosten	100,0	1,62	162,0	100,0

Die Entwicklung der Unkosten 1914 bis 1925.

Die nach der gleichen Art wie die der Zahlentafel 32 (vgl. oben) berechneten Zahlen zeigen eine auffallende Analogie zu den Verschiebungen in der Zusammensetzung der gesamten Selbstkosten. Auch bei den Unkosten sind die Anteile der Materialkosten (Positionen 1 und 2) und der Lohnkosten (Positionen 3 bis 5) zurückgegangen, abgesehen von einer geringen Zunahme, welche die sozialen Lasten erfuhren. Dagegen sind außer für die Sachversicherung die Anteile aller Kapitalkosten (Positionen 6 bis 9) gestiegen. Dies und relativ zu der Gesamtänderung außerordentlich hohe Änderungsziffern zeigt namentlich der Zinsendienst (Positionen 7 und 8). Die höchste Änderungsziffer und eine Steigerung auf fast das Vierfache des Anteils ist aber bei den Steuern und Abgaben zu finden. Von Januar 1925 bis Januar 1926 hat sich die

Zusammensetzung der Unkosten wenig geändert. Die Gesamtänderungsziffer gegenüber 1914 stieg von 1,62 auf 1,68 (vgl. Zahlentafel 32). Die Kapitalkosten sind etwas gefallen, während das Steigen der Löhne und Gehälter diesen Rückgang im Verhältnis von 1,62 : 1,68 für die Gesamtänderungsziffer mehr als ausglich.

Zahlentafel 33 in Verbindung mit Zahlentafel 32 läßt also erkennen, daß die Verteuerung der Produktion im Maschinenbau, soweit sie über die durchschnittliche Weltteuerung hinausgeht, in erster Linie von der Mehrzahl der Unkostenarten ausgeht, obgleich auch die Rohstoffpreise in Deutschland über denen der Wettbewerbsländer liegen. Die Kreditnot, der dadurch bedingte hohe Zinsfuß und die aus der Kriegszeit herrührenden Erweiterungen der Betriebsanlagen haben die Kapitalkosten unverhältnismäßig gesteigert. Der Geldbedarf des Reiches und der Länder und die deutschen Reparationsverpflichtungen trieben die Steuern und Abgaben auf das Sechsfache der Vorkriegssätze. Dieser Wert wird sich weiter erhöhen, da vom laufenden Reparationsjahr 1925/26 ab durch Industrieobligationen gemäß dem Dawes-Gutachten jährlich zunächst 125, dann 250 und ab 1927/28 gar 300 Mill. $\mathscr{M}$. aufzubringen sind, was in den Zahlenangaben noch nicht berücksichtigt ist. Es ist berechnet worden[1]), daß sich die deutschen Reparationsverpflichtungen, wenn sie ab 1927/28 die volle Höhe von 2,5 Milliarden $\mathscr{M}$. jährlich erreicht haben werden, in einer Belastung der Maschinenindustrie von 2,7 vH ihres Umsatzes auswirken werden. Was das heißt, ist daran zu ermessen, daß die Rentabilität der Aktiengesellschaften des Maschinenbaues sich vor dem Kriege zwischen 7 und 11 vH des Betriebsvermögens bewegte. Hinzu kommt, daß der Maschinenbau als Fertigindustrie einen Teil der gleichen Belastung der Rohstoffindustrie zu tragen haben wird. Ferner haben die höheren Beträge für die Versicherung der Arbeiter und Angestellten, die Zulagen für Verheiratete, der Ausfall durch vermehrten Urlaub usw. die sozialen Lasten unverhältnismäßig wachsen lassen. Nicht unwesentlich für die Produktionsverteuerung ist schließlich die starke Erhöhung der Frachttarife. Die Frachtkosten für Rohstoffe (Mittel für Roheisen, Stabeisen und Blech) auf 200 km sind auf das Doppelte, für Maschinen gar auf das 2,57fache der Vorkriegssätze gestiegen. Zur Verbilligung der Selbstkosten im Maschinenbau ist also der Hebel zunächst bei diesen verteuernden Faktoren anzusetzen.

Interessant ist ein Vergleich der tatsächlichen Preisentwicklung seit der Stabilisierung mit der entsprechenden Änderung der Selbstkosten. Der VDMA notiert seit Ende 1923 nach dem Bauklassenver-

---

[1]) Vgl. Lippart: Der Dawes-Plan und die deutsche Wirtschaft, „Technik und Wirtschaft", 1925 Nr. 2.

fahren (vgl. die Fußnote auf S. 76/77) errechnete Selbstkostenänderungsziffern und führt auf Grund von Berichten von 500 bis
600 Mitgliedsfirmen eine monatliche Statistik des durchschnittlichen
Tonnenpreises, der aus Gewicht und Preis der Summe der Aufträge der
berichtenden Firmen berechnet ist. Die Zahlen der Tafel 34 geben
die prozentuale Änderung der Selbstkosten der mittleren Bauklasse D 60
und des durchschnittlichen Tonnenpreises an, wobei die Selbstkosten vom
1. Januar 1924 und das Mittel aus den durchschnittlichen Tonnenpreisen
vom Dezember 1923 und Januar 1924 gleich 100 gesetzt sind.

Zahlentafel 34.

	Bewegung der Preise und Selbstkosten im Maschinenbau ab Januar 1924				
	Durchschnittlicher Tonnenpreis				Selbst-kosten
	Inland		Ausland		
	ℳ.	vH	ℳ.	vH	vH
1924					
Januar	1492	100,0	1655	100,0	100,0
Februar	1453	97,5	1581	95,5	—
März	1315	88,1	1695	102,3	93,8
April	1226	82,2	1353	81,8	92,8
Mai	1168	78,2	1307	79,0	94,9
Juni	1142	76,5	1180	71,3	97,9
Juli	1128	75,5	1229	74,3	97,9
August	1080	72,4	1390	84,0	96,8
September	1089	73,0	1271	76,8	—
Oktober	1138	76,2	1356	82,5	93,7
November	1168	78,2	1189	71,8	—
Dezember	1156	77,5	1307	79,0	91,8
1925					
Januar	1260	84,5	1379	83,3	88,4
Februar	1178	78,9	1311	79,2	—
März	1176	78,8	1485	89,7	—
April	1219	81,6	1316	79,5	91,5
Mai	1170	78,4	1303	78,8	—
Juni	1171	78,4	1399	84,5	—
Juli	1269	85,1	1410	85,2	92,5
August	1259	84,5	1415	85,5	—
September	1273	85,4	1470	88,8	94,2
Oktober	1191	79,9	1403	84,7	—
November	1243	83,4	1451	87,7	—
Dezember	1220	81,8	1399	84,5	93,3
1926					
Januar	1210	81,2	1325	80,0	94,0
Februar	1158	77,6	1568	94,7	
März	1172	78,5	1580	95,5	—
April	1186	79,6	1519	91,7	92,2
Mai	1182	79,3	1337	80,7	—
Juni	1192	80,0	1438	86,8	92,2

Der Vergleich der Zahlen kann nur mit Vorbehalt erfolgen. Während die Tonnenpreise für den Monatsdurchschnitt gelten, sind die Selbstkostenänderungsziffern für den 1. jedes Monats berechnet; da aber Abschlüsse stets auf zeitlich davor berechneten Angebotspreisen basieren, wird dies bei einem Spielraum von je 4 Wochen nicht ins Gewicht

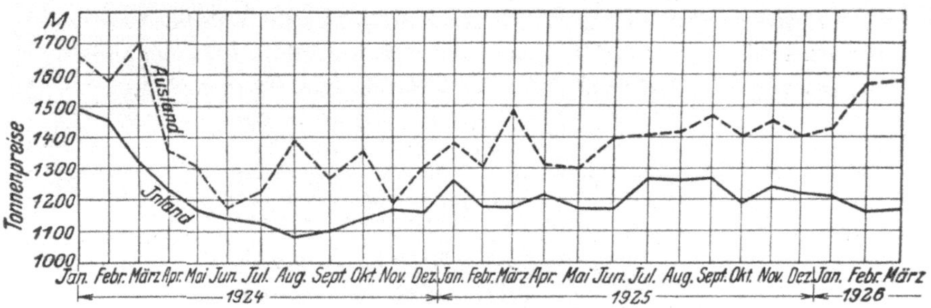

Abb. 22. Bewegung des Preises pro t im Inlands- und Auslandsgeschäft des Maschinenbaues 1924—1926.

fallen. Die Zahlen der Tafel 34 (Abb. 22 und 23) besagen, daß die Preise ganz bedeutend stärker zurückgingen als die Selbstkosten des Maschinenbaues. Es bestätigt sich also, daß die Maschinenindustrie unter dem Druck der Verteuerung ihrer Produktion aus Gründen der Selbsterhaltung zu gedrückten Preisen, teilweise sogar mit Verlust verkaufen muß. Ferner besagen die Zahlen der Tafel 34 (Abb. 22),

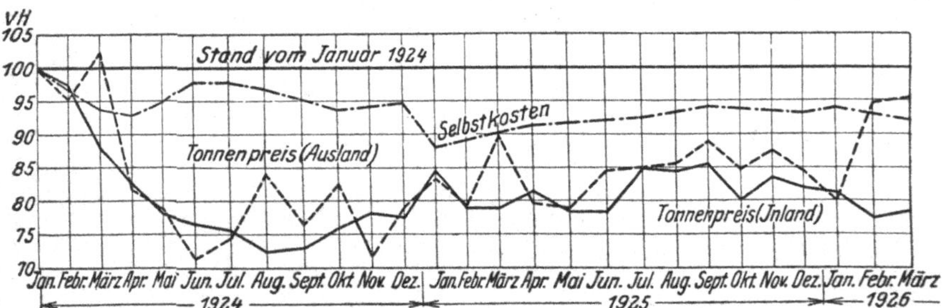

Abb. 23. Entwicklung der Tonnenpreise im Inlands- und Auslandsgeschäft und der Selbstkosten im Maschinenbau 1924—1926 (Stand vom Januar 1924 = 100).

daß die Ausfuhrpreise stets über den Inlandspreisen (im Durchschnitt des Jahres 1925 um 14,4 vH) liegen, daß also von dem aus der Inflation übernommenen Vorwurf eines Dumping keine Rede sein kann. Anderseits spricht der höhere Ausfuhrpreis dafür, daß einfache Maschinen nicht im gleichen Maße exportfähig sind wie hochwertige. Daraus folgt für die deutsche Maschinenindustrie die Aufgabe, die Verbilligung der Produktion mit der Pflege der Qualitätskonstruktion und der Qualitätsherstellung zu verbinden.

4. Die Absatzverhältnisse.

Die Schwierigkeiten der Rohstoffversorgung, der Arbeitszeit- und Lohnpolitik und der Preisbildung wären für den deutschen Maschinenbau noch erträglich gewesen, wenn sich ihm zum Ausgleich ein genügender Spielraum für den Absatz seiner Erzeugnisse geboten hätte. Aber hinsichtlich dieses Faktors ihrer hier behandelten Existenzbedingungen war und ist die Maschinenindustrie schlechter gestellt als andere deutsche Industriezweige. Durch den Kriegsbedarf ist die Maschinenerzeugung in Deutschland bedeutend größer geworden, als sie vor 1914 war und sich bei normalem Verlauf entwickelt hätte. Für die Zwecke der Rüstungsindustrie sind in den Kriegsjahren gerade die Anlagen der Maschinenfabriken erheblich erweitert worden. Die deutsche Waffenindustrie und die Staatsbetriebe für den Heeresbedarf wandten sich unter dem Zwang des Friedensvertrages zur Umstellung auf ein neues Produktionsgebiet größtenteils dem Maschinenbau zu. Dieser stark vermehrten Erzeugungsmöglichkeit steht der Verlust weiter Abnehmerkreise in den abgetretenen Gebieten gegenüber, so z. B. der Hüttenindustrie und des Bergbaues in Lothringen, Saargebiet und Oberschlesien. Der verbleibende Inlandsmarkt dagegen und auch der Auslandsmarkt erwiesen sich nicht entfernt dem Angebot entsprechend aufnahmefähig bzw. aufnahmewillig. Absatzkrise und daraus folgender innerdeutscher Wettbewerb sind also seit Kriegsausgang die Kennzeichen der Geschäftslage im Maschinenbau und werden es voraussichtlich auch für die nahe Zukunft bleiben.

Die Erscheinungen, die den Inlandsmarkt[1] nach Kriegsende schwächten, sind noch zu stark in der Erinnerung, um sie hier ausführlich schildern zu müssen (vgl. auch den Abschnitt A 3 auf S. 21 bis 26). Anderseits sind die Einflüsse, die auf die innerdeutsche Wirtschaft wirkten und teilweise noch heute wirken, so vielfältig, daß eine zusammenhängende Darstellung den Rahmen dieser Arbeit überschreiten würde. Deshalb werden hier nur die wesentlichsten Momente erwähnt. An sich hätte nach Kriegsende in der deutschen Industrie und Landwirtschaft ein starkes Bedürfnis vorliegen müssen, Maschinen, die für die Kriegszwecke bis zur Grenze ihrer Leistungsfähigkeit ausgenutzt waren, zu ersetzen. Daß dieser Ersatz nicht erfolgte, hatte verschiedene Gründe. Die Produktion sank allenthalben weit unter die Normalziffer, weil sie von Einflüssen sozialpolitischer und allgemeinpolitischer Natur gehemmt wurde, und weil auf allen Gebieten der normale Bedarf der Konsumenten entsprechend der niederen Lebens-

---

[1] Vgl. Becker: Die wirtschaftliche Lage des deutschen Maschinenbaues, Vortrag auf der Ordentl. Hauptversammlung des VDMA, Drucksache des VDMA 1920 Nr. 36, S. 305—312.

6*

haltung nicht entfernt gedeckt wurde. Der Mangel an Rohstoffen und Brennmaterialien zwang einen großen Teil der Abnehmer des Maschinenbaues zu Betriebseinschränkungen. Die durch die ungeheuere Preissteigerung bedingten ziffernmäßig hohen Anschaffungskosten einer Maschine unterbanden jegliche Unternehmungslust. Die Zwangsbewirtschaftung vieler Güter des täglichen Bedarfs begünstigte die Neigung, sich in den Geschäftsmaßnahmen von den öffentlichen Stellen führen zu lassen, anstatt eine von wahrem Unternehmergeist getragene Produktionspolitik zu treiben, die vielleicht den Bedarf nach sich gezogen hätte. Die Maschinenindustrie, welche alle anderen Fertigindustrien, alle Rohstoffindustrien und die Landwirtschaft, also alle Produktionszweige zu Kunden hat, ist von deren Prosperität in zu starkem Maße abhängig, als daß sie nicht unter diesen Verhältnissen besonders zu leiden gehabt hätte.

Die Veränderungen im deutschen Außenhandel (vgl. die folgenden Ausführungen über den Auslandsmarkt des Maschinenbaues) verschlechterten weiterhin in doppelter Beziehung unmittelbar die Absatzmöglichkeit der deutschen Produktion auf vielen Gebieten und dadurch mittelbar die der Maschinenindustrie. Unter dem Zwange des Friedensvertrages hatte Deutschland auf 5 Jahre allen Staaten des Feindbundes die einseitige Meistbegünstigung zu gewähren. Die Folge war, daß in den ersten Jahren nach dem Kriege der damals noch vielfach billigere ausländische Wettbewerb auf dem deutschen Markt erschien, weil die Anwendung des Mittels der Einfuhrverbote durch die Abhängigkeit von den Zollmaßnahmen des Auslandes beschränkt wurde, daß aber wegen eben dieser ausländischen Zollmaßnahmen die deutschen Exportmöglichkeiten empfindlich vermindert wurden. Jene Bestimmung wirkte sich also in einer Drosselung der deutschen Produktion in doppelter Richtung aus. Nicht ohne Einfluß auf den Rückgang des gesamten deutschen Exports ist auch die Tatsache geblieben, daß alle Staaten der Entente im Kriege ihre Industrie ähnlich wie Deutschland bedeutend vergrößert und ausgebaut haben und damit der Wettbewerb auf dem Kontinent und in der Ausfuhr nach Übersee stärker geworden ist[1]). Aber auch die Überseestaaten, wie Südafrika, Brasilien, Australien, Indien, China und Japan, sind während des Krieges zur eigenen industriellen Verwertung ihrer Rohstoffe übergegangen. Geringeres Einfuhrbedürfnis von Ländern, die vor dem Kriege den deutschen Export aufnahmen, bei verstärktem Wettbewerb mußte die Rückwirkung einer Verkleinerung des deutschen Bedarfes an Maschinen haben.

Mit Fortschreiten der Inflation stieg zwar zeitweilig die deutsche Ausfuhr wegen der unter dem Niveau des Weltmarktes bleibenden

---

[1]) Vgl. Lange: Fragen der Zoll- und Handelspolitik, „Maschinenbau-Wirtschaft“, 3. Jahrg. Nr. 15 vom 8. Mai 1924.

deutschen Preise, der allgemeine Verbrauch im Innern aber sank gleichzeitig unverhältnismäßig stärker. Denn am innerdeutschen Maßstab gemessen waren die Preise außerordentlich hoch, die Kaufkraft der großen Massen verringerte sich daher mehr und mehr. Der auf dem Umweg über den jeweiligen Beschäftigungsgrad jeglicher Produktionsstätten sich auswirkende Zusammenhang zwischen dem breiten Konsum und den Aufträgen der Maschinenindustrie zeigte sich darin, daß der Inlandsbedarf an Maschinen (Auftragseingang) ab Ende 1921 unaufhaltsam fiel[1]). Diese Entwicklung wurde beschleunigt durch die Ruhrbesetzung, von der kaum eine industrielle Tätigkeit in Deutschland unbeeinflußt blieb. Wie dieser Eingriff in die deutsche Wirtschaft wirken mußte, läßt sich daran ermessen, daß früher 20 bis 25 vH ihres gesamten Umsatzes auf dies Gebiet entfielen, das nun durch Aus- und Einfuhrverbote, Ausfuhrabgaben, Einfuhrzölle und Verkehrserschwernisse vom übrigen Deutschland wirtschaftlich getrennt wurde[2]), ganz abgesehen von der Stillegung bzw. starken Einschränkung ganzer Produktionszweige.

Der Rückblick auf den Inlandsabsatz der Maschinenindustrie früherer Jahre hätte nur historisches Interesse, wenn er nicht die notwendige Ergänzung zu dem Nachweis wäre, in welch hohem Maße der Maschinenbau den im Abschnitt B 3 (vgl. S. 73—76) behandelten Verlusten aus schlechtem Beschäftigungsgrad unterworfen war, die seine heutige Lage maßgeblich bestimmt haben. Denn was die Maschinenindustrie wie die ganze deutsche Wirtschaft kennzeichnet, ist der Substanzverlust aus der Zeit der Inflation. Die Lage ist nun umgekehrt. Die Kaufkraft der Massen ist heute relativ zur Zeit der Geldentwertung zweifellos ungleich größer, wenn sie auch die normale noch nicht erreicht. Aber die Kapitalnot und als Folge der Stabilisierungskrise die Kreditnot (vgl. S. 80) verteuern alle Produktion so, daß die Absatzfrage längst nicht gelöst ist. Im Maschinenbau ließ sich seit Ende 1923 wohl eine erfreuliche Zunahme des Auftragseingangs aus dem Inland beobachten, aber sie reichte nicht entfernt zur vollen Beschäftigung aus. Seit Mitte 1925 gingen die Aufträge aus dem Inland erneut stark zurück. Für absehbare Zeit wird der deutsche Maschinenbau damit rechnen müssen, daß das Inland nicht entfernt in dem Maße seines Produktionsangebotes aufnahmefähig ist.

Je stärker die Absatznot im Innern war, desto mehr mußte der Maschinenbau bestrebt sein, einen Teil des Auslandsmarktes, den er sich vor dem Kriege so schnell erobert hatte (vgl. S. 15—18), wiederzugewinnen. Daß auch in dieser Beziehung die Maschinenindustrie außerordentlich zu kämpfen hatte, ist bekannt. Während aber die

---

[1]) Vgl. die Zahlenangaben und Kurven im Abschnitt C 1.
[2]) Vgl. Geschäftsbericht des VDMA 1923 S. 3.

Untersuchung der Absatzverhältnisse auf dem Inlandsmarkt notwendigerweise mehr allgemein gehalten werden mußte, verdienen die Entwicklung der deutschen Maschinenausfuhr nach dem Kriege und ihre Aussichten eine eingehende Betrachtung. Denn hier entscheidet neben den allgemeinen Momenten in erster Linie die Handelspolitik des Auslandes.

Der deutsche Maschinenbau führte vor dem Kriege nach Schätzungen des VDMA etwa 25 vH sowohl des Gesamtgewichtes wie des Gesamtwertes seiner Erzeugung aus. Diese Verhältniszahl hat sich auch nach dem Kriege nur unwesentlich verschoben, was beweist, daß die Ausfuhr in gleichem Maß wie der Inlandsabsatz trotz vergrößerter Erzeugungsmöglichkeit zurückgegangen ist. Der Anteil der Ausfuhr wäre sicher relativ stärker gesunken, wenn sie nicht zeitweise, besonders im Jahre 1922[1]), durch die billigen deutschen Inflationspreise begünstigt worden wäre. Neben den anschließend zu besprechenden ausländischen Zollmaßnahmen stellten sich dem Wiederaufbau des Außenhandels in Maschinen außer der Voreingenommenheit des Auslandes gegen Deutschland und dem Verlust aller deutschen Vertretungen, Niederlassungen und Handelshäuser im Ausland hauptsächlich zwei Momente entgegen. Das war zunächst die Wirkung der Gleitpreise während der Inflationszeit auf das Ausland (vgl. S. 69). Der ausländische Maschinenkäufer machte den deutschen Firmen den sicher nicht berechtigten Vorwurf einer dem Ausland nicht in vollem Umfang erklärlichen Vertragsuntreue. Bei Nachforderungen wurden Lieferverträge annulliert oder nur nach langwierigen Streitigkeiten eingehalten. Die psychologische Wirkung der Inflationsmaßnahmen auf die Auslandskundschaft war um so nachhaltiger, als nicht zuletzt die anerkannte Preiswürdigkeit, Pünktlichkeit und Zuverlässigkeit der deutschen Firmen vor dem Kriege dem Maschinenbau den Weg auf den Weltmarkt geebnet hatte. Während der Übergang zu Festpreisen nach der Stabilisierung diesen Mißstand beseitigt hat, dauert die zweite Erschwernis der Maschinenausfuhr, der Zwang zu harten Zahlungsbedingungen, noch gegenwärtig unvermindert an. Vor dem Kriege erfreute sich die deutsche Maschinenindustrie im Auslande des Rufes, durch langfristige Kredite, die bei Abschluß eines Geschäftes oft den Ausschlag geben, beliebt zu sein; vielfach wurden den Abnehmern Kredite bis zu mehreren Jahren eingeräumt. Darin schuf die Inflation Wandel. Der steigende Geldbedarf der Industrie zwang zu einer immer kürzeren Befristung des Zahlungszieles, und die Stabilisierung brachte eine Kapitalnot, welche diese Entwicklung fast noch verschärfte. Gerade der Maschinenbau mit seinen langen Lieferverträgen ist heute in der Möglichkeit der Kredit-

---

[1]) Vgl. die Zahlenangaben und Kurven im Abschnitt C 3.

gewährung vollkommen wettbewerbsunfähig mit seinen beiden Haupt-
konkurrenten, den Vereinigten Staaten und auch England, deren
Kapitalkraft ihren Maschinenexport fördert[1]). Es ist selbstverständlich,
daß auch die obenerwähnte Industrialisierung vieler früherer Einfuhrländer und der verstärkte Wettbewerb der im Kriege ausgebauten
Maschinenindustrie Englands und der Vereinigten Staaten der deutschen
Maschinenausfuhr nach dem Kriege sehr abträglich waren. Schließlich
darf nicht vergessen werden, daß die Preise der deutschen Maschinen
ab Mitte 1923 die Weltmarktpreise zu überschreiten begonnen hatten.
Mit der Stabilisierung erreichte die Preislage eine Höhe, die deutsche
Maschinen nicht mehr exportfähig machte. Das ist bei den Ausfuhrzahlen für 1923 und die noch geringeren von 1924 zu beachten. Erst
mit dem Abbau der Rohstoffpreise und der Verbilligung der Produktion
durch Belegschaftsverminderung besserten sich die Verhältnisse.

Es war die Absicht des uns feindlichen Auslandes, im Vertrage von
Versailles nach Möglichkeit sich den Vorsprung in der Handelspolitik
zu sichern, den es durch die praktisch vollständige Ausschaltung Deutschlands vom Weltmarkt während der 4 Jahre des Krieges in fast allen
wichtigen Absatzländern errungen hatte. Der deutsche Kaufmann und
seine Ware waren im Ausland verschwunden. Um die Wiedergewinnung
unseres früheren ausgedehnten Kundenkreises und die Anbahnung
neuer Handelsbeziehungen zu erschweren, dienten die Artikel 264 bis 268
des Friedensvertrages. Sie benachteiligten Deutschland zugunsten des
feindlichen Auslandes insofern in doppelter Richtung, als sie die ausländische Einfuhr nach Deutschland erleichterten, dagegen die deutsche
Ausfuhr ins Ausland empfindlich behinderten. Die erwähnten Artikel
zwangen Deutschland, allen Staaten des Feindbundes bis zum 10. Januar
1925 unterschiedslos die einseitige handelspolitische Meistbegünstigung
einzuräumen. Alle zur Einfuhr nach Deutschland gelangenden Erzeugnisse eines Staates der Entente bzw. alle nach einem dieser Staaten
ausgeführten deutschen Erzeugnisse durften keinen Sondergebühren
oder Abgaben unterworfen werden. Es konnten keinerlei Verbote der
Einfuhr oder Ausfuhr einzelner Erzeugnisse, die sich gegen die Entente
hätten richten sollen, erlassen werden, ohne nicht gleichzeitig alle
anderen mit Deutschland Handel treibenden Länder ebenso zu treffen.
Alle Vergünstigungen oder Vorzugsrechte, die Deutschland handels-
politisch irgendeinem fremden Staate einräumte, standen nach Artikel
267 automatisch auch allen Staaten der Entente zu. Deutschland
konnte sich also gegen den Ausschluß seiner Waren von einem fremden
Lande durch hohe Zollmauern nicht mittels des gleichen Zollschutzes
wehren, weil diese Maßnahme sofort auch Länder betroffen hätte,

---

[1]) Vgl. Lange: a. a. O. (S. 84), und ebenda Hillmann: Die Wirtschaftsnöte der deutschen Industrie.

gegen die sie gar nicht gerichtet war. Viel wesentlicher war aber umgekehrt, daß Deutschland gute Handelsbeziehungen zu einem Lande nicht durch Zollermäßigungen fördern konnte, ohne daß nicht auch Länder in ihren Genuß gekommen wären, die sich gegen deutsche Erzeugnisse absperrten. Schließlich sicherte der Artikel 268 für die 5 Jahre zollfreie Einfuhr nach Deutschland für alle Erzeugnisse aus Elsaß-Lothringen, Luxemburg, dem Saargebiet und Polen (vgl. S. 47).

Unter diesen Beschränkungen seiner handelspolitischen Freiheit war Deutschland darauf angewiesen, seine Benachteiligung durch Außenhandelsüberwachung einigermaßen auszugleichen. Ihm blieb nur das Mittel, durch Einfuhrverbote den deutschen Markt zu schützen und durch Verbote und Kontrolle der Ausfuhr gegnerische Maßnahmen zu erwidern bzw. eine Verschleuderung deutscher Güter ins Ausland zu verhindern. Ein Schutz der deutschen Maschinenindustrie gegen ausländischen Wettbewerb durch Einfuhrverbote war nur in einem ganz geringen, sich auf einzelne Maschinengattungen beziehendem Maße erforderlich, da die deutsche Maschineneinfuhr schon vor dem Kriege sehr gering war (vgl. S. 18). Dagegen wurde von der Verordnung über die Außenhandelskontrolle[1]) vom 20. Dezember 1919 auch die deutsche Maschinenausfuhr weitgehend betroffen. Wie es schon während des Krieges nötig gewesen war (vgl. S. 22), wurde die Bewilligung der Ausfuhr von Maschinen erneut von der Einhaltung von Mindestpreisen abhängig gemacht, da bei dem Stande der deutschen Valuta und dem Auftragsmangel im deutschen Maschinenbau die Gefahr von Verkäufen unter dem Niveau des Weltmarktes und der gegenseitigen Preisunterbietung nahe lag. Durch das umständliche Verfahren, von der Außenhandelsstelle für den Maschinenbau in Berlin die Ausfuhrbewilligung zu erlangen, durch den Zwang zur Preisprüfung, die entweder durch die Fachverbände des Maschinenbaues oder die Prüfstelle des VDMA in Berlin erfolgte, und durch die Unterbindung der freien Konkurrenz wurde das Ausfuhrgeschäft stark behindert. Von Mai 1920 ab wurde die Ausfuhr noch mit einer Abgabe belegt, die eine weitere Erschwernis bedeutete. Erst als im Herbst 1923 die deutschen Preise die Weltmarkthöhe erreichten und überschritten und damit der Grund der Überwachung der Maschinenausfuhr entfiel, wurde die Verordnung im September 1923 für die Erzeugnisse des Maschinenbaues aufgehoben.

---

[1]) Vgl. die Dissertation von Dr.-Ing. Weißenborn (Technische Hochschule Berlin 1923): „Ursachen, Aufgaben und Wirkungen der deutschen Außenhandelsüberwachung, mit besonderer Berücksichtigung der Verhältnisse in der Maschinenindustrie"; besprochen in „Maschinenbau-Wirtschaft", 2. Jahrg. Nr. 18.

Bedeutend einschneidender war für die deutsche Maschinenausfuhr die Zollpolitik des Auslandes[1]), die sich unter dem Schutz der erwähnten Bestimmungen des Friedensvertrages einseitig gegen Deutschland auswirken konnte. Die Verhältnisse der Jahre nach dem Kriege, die zu der Weltwirtschaftskrise 1920/21 führten, gaben fast allen wichtigen Handelsstaaten Anlaß zur Revision bzw. völligen Umgestaltung ihrer Zolltarife und zur Erhöhung ihrer Zollsätze, um sich gegen ausländischen Wettbewerb zu schützen. Solche Maßnahmen trafen u. a. 1921 die Vereinigten Staaten, etwa zur gleichen Zeit auch Frankreich, Spanien, Italien, die Tschechoslowakei, alle Balkanländer, die russischen Randstaaten und die Schweiz. Es folgten die britischen Dominions und die Staaten Mittel- und Südamerikas. Erhöhungen, wenn auch relativ geringere, nahmen auch Dänemark, Norwegen und Schweden vor. Diese Sachlage wäre für Deutschland trotz seiner handelspolitischen Gebundenheit erträglich gewesen, wenn wenigstens in allen Ländern deutsche und ausländische Maschinen bei der Einfuhr die gleiche Zollbehandlung erfahren hätten. Unter Führung.Frankreichs aber bewirkte ein System von Handelsverträgen der Hauptwettbewerbsländer des deutschen Maschinenbaues auf dem Weltmarkt mit wichtigen Abnehmerländern, daß in diesen deutsche Maschinen einer weit höheren Zollbelastung unterlagen. So schieden sich die Einfuhrländer für Maschinen bezüglich ihrer Haltung gegenüber Deutschland in zwei Gruppen. Unterschiedslose Verzollung von Maschinen jeglicher Herkunft gewährten Holland, Dänemark, Schweden, Norwegen, Finnland, Lettland, Litauen, die Sowjet-Republiken, die Tschechoslowakei, Deutsch-Österreich, Ungarn, Rumänien, Jugoslawien, Bulgarien, die Türkei, Portugal, Japan, China und alle Staaten Süd- und Mittelamerikas. Mit den meisten dieser Länder hatte Deutschland Handelsverträge, die auf der gegenseitigen Meistbegünstigung basierten, aber alle kurzfristig waren. Einseitig gegen Deutschland gekehrte Mehrbelastungen hatten dagegen deutsche Maschinen zu tragen bei der Einfuhr nach Estland, Frankreich, Italien, Polen, Griechenland, Belgien-Luxemburg, Spanien, England und seinen Dominions (Südafrikanische Union, Britisch-Indien, Australien, Neuseeland, Kanada) und den Vereinigten Staaten. Die ersten fünf Länder brachten für Deutschland einen höheren Tarif in Anwendung, als er in Sonderabkommen mit begünstigten Staaten vorgesehen war, zu welchen fast ausnahmslos England, die Vereinigten Staaten, Frankreich, Belgien und die Schweiz, also der Hauptwettbewerb der deutschen Maschinen, gehörten. Die gleichen Zollrabatte räumte Spanien den genannten Ländern ein und

---

[1]) Die folgenden Angaben sind zusammengestellt aus den Handakten der Außenhandelsabteilung des VDMA. Vgl. die ausführliche Darstellung bei Reuter: a. a. O. (S. 34).

belastete deutsche Maschinen außerdem noch mit einem Valutaentwertungszuschlag von rund 80 vH. Einen ähnlichen Wertzollzuschlag erhob Belgien auf deutsche Maschinen bei sonst gleichen Tarifsätzen wie für andere Länder. In den Vereinigten Staaten, England und seinen Dominions galten zeitweise Anti-Dumping-Bestimmungen, die es ermöglichten, für Erzeugnisse aus valutaschwachen Ländern bedeutende Wertzollzuschläge durch willkürliche Erhöhung der Fakturenwerte zu erheben. Die Schweiz schließlich verzollte zwar Maschinen aus allen Ländern nach einheitlichem Tarif, jedoch wurden die Überwachungsvorschriften bei der Einfuhr deutscher Maschinen viel strenger gehandhabt als bei französischen und italienischen Erzeugnissen.

Einen vollständigen zahlenmäßigen Nachweis der Zollverhältnisse für deutsche Maschinen im Ausland nach dem Kriege zu führen, verbietet der geringe hier zur Verfügung stehende Raum. Um aber wenigstens einige typische Beispiele zu geben, sind in der Zahlentafel 35 die Zollbelastungen für sechs Maschinenarten aus der Gruppe der Kraftmaschinen, der Hebemaschinen, der Werkzeugmaschinen, der Arbeitsmaschinen und der Textilmaschinen in neun wichtigen Absatzländern zusammengestellt. Es sind die Tarifsätze für 100 kg netto vor dem Kriege und im April 1924, das prozentuale Vielfache und die Gesamtzollbelastungen vom April 1924 in $\mathscr{M}$. und in vH des Ausfuhrpreises angegeben. Alle Markbeträge sind jeweils über den Dollarkurs errechnet. Die italienischen und spanischen Zölle für April 1924 schließen das Goldzollaufgeld von damals 354 bzw. 51,34 vH ein, die spanischen außerdem noch den Valutaentwertungszuschlag von 79 vH. Eine längere Erläuterung der Zahlentafel erübrigt sich. Sie spricht für sich selbst und zeigt, welche hohen Belastungen die Erzeugnisse des deutschen Maschinenbaues bei der Einfuhr im Ausland teilweise zu tragen hatten, und wie verschieden diese Belastungen je nach dem Einfuhrland waren. Deutlich sind in der Zahlentafel zwei Gruppen von Ländern zu unterscheiden, von denen eine die ersten vier, die andere die letzten fünf Länder umfaßt. In der Schweiz, Schweden, Dänemark und Norwegen hielten sich die Zollerhöhungen und die auf den Ausfuhrpreis bezogenen Belastungen in immer noch erträglichen Grenzen. Die Zölle in Frankreich, Belgien, Italien, Spanien und der Tschechoslowakei waren dagegen ausgesprochene Kampfzölle, zumal sie, abgesehen von der Tschechoslowakei, einseitig gegen Deutschland gerichtet waren. So differierten die prozentualen Vielfachen der spezifischen Zölle gegenüber denen von 1913 im April 1924 von rund 120 vH in Schweden und Dänemark bis zu 2800 vH in Belgien und die auf den Ausfuhrpreis bezogenen Gesamtzölle zur gleichen Zeit von 5 vH in Dänemark bis weit über 100 vH in Spanien und der Tschechoslowakei.

Auch für die Mehrbelastungen Deutschlands bei der Einfuhr von Maschinen nach Italien, Spanien, Frankreich und Belgien gegenüber

Zahlentafel 35.

Maschinenart		Zollbelastungen deutscher Maschinen in								
		Schweiz	Schweden	Dänemark	Norwegen	Frankreich	Belgien	Italien	Spanien	Tschecho-slowakei
1. Benzin-Motor 10 PS	a)	7,10	12,40	6,20	15,40	14,60	1,60	10,70	18,50	27,20
Nettogewicht 970 kg	b)	15,10	22,20	7,70	23,00	51,20	45,40	89,40	79,20	100,45
Ausfuhrpreis 1500 ℳ.	c)	212 vH	179 vH	124 vH	150 vH	350 vH	2830 vH	826 vH	428 vH	384 vH
	d)	146	215	75	225	497	440	867	766	975
	e)	10 vH	14 vH	5 vH	15 vH	33 vH	29 vH	58 vH	51 vH	65 vH
2. Fahrbare Lokomobile	a)	5,15	8,50	4,25	11,20	11,35	3,25	10,25	30,10	17,85
Nettogewicht 11000 kg	b)	11,55	11,20	5,60	17,00	46,15	32,35	34,85	108,00	65,50
Ausfuhrpreis 12300 ℳ.	c)	224 vH	130 vH	132 vH	153 vH	406 vH	995 vH	340 vH	359 vH	368 vH
	d)	1270	1232	615	1845	5074	3560	3831	11878	7212
	e)	10 vH	10 vH	5 vH	15 vH	41 vH	29 vH	31 vH	97 vH	59 vH
3. Fahrbarer Dampfdreh-kran	a)	5,00	4,35	2,20	5,40	8,10	3,25	8,35	16,70	18,70
	b)	11,30	5,40	2,70	8,00	28,60	19,45	30,70	80,00	69,10
Nettogewicht 20000 kg	c)	226 vH	124 vH	123 vH	148 vH	353 vH	598 vH	368 vH	480 vH	369 vH
Ausfuhrpreis 10800 ℳ.	d)	2256	1080	540	1620	5716	3892	2138	15996	13816
	e)	21 vH	10 vH	5 vH	15 vH	53 vH	36 vH	20 vH	148 vH	128 vH
4. Schnelldrehbank	a)	6,10	7,00	3,50	9,90	13,00	1,60	7,90	17,50	17,50
Nettogewicht 2450 kg	b)	15,80	11,10	5,00	14,85	48,50	34,60	43,00	117,50	75,40
Ausfuhrpreis 2430 ℳ.	c)	259 vH	159 vH	143 vH	150 vH	373 vH	2160 vH	545 vH	670 vH	430 vH
	d)	387	272	121	364	1189	847	1058	2878	1846
	e)	16 vH	11 vH	5 vH	15 vH	50 vH	35 vH	44 vH	120 vH	76 vH
5. Ziegelpresse	a)	6,25	6,55	3,30	8,85	8,10	1,60	8,90	19,60	17,80
Nettogewicht 3500 kg	b)	16,05	8,90	4,40	13,00	30,55	20,55	23,30	102,45	75,35
Ausfuhrpreis 3100 ℳ.	c)	256 vH	136 vH	133 vH	147 vH	377 vH	1285 vH	261 vH	515 vH	422 vH
	d)	562	311	155	463	1068	719	812	3586	2638
	e)	18 vH	10 vH	5 vH	15 vH	34 vH	23 vH	26 vH	116 vH	85 vH
6. Selfaktor (Streichgarn)	a)	3,90	7,75	3,90	10,80	8,80	3,25	5,85	19,50	14,35
Nettogewicht 4900 kg	b)	13,20	10,80	5,40	—	29,60	18,75	14,95	121,50	5,65
Ausfuhrpreis 5300 ℳ.	c)	340 vH	140 vH	186 vH	—	336 vH	575 vH	256 vH	625 vH	39 vH
	d)	645	530	265	—	1451	918	732	5956	277
	e)	12 vH	10 vH	5 vH	—	27 vH	17 vH	14 vH	112 vH	5 vH

a) Zollkosten je 100 kg netto 1913 in ℳ.
b) Zollkosten je 100 kg netto April 1924 in ℳ.
c) dsgl. wie b) in vH (1913 = 100).
d) Gesamtzollkosten April 1924 in ℳ.
e) dsgl. wie d) in vH des Ausfuhrpreises.

anderen Herkunftsländern sei ein Beispiel gegeben. Die Zahlentafel 36 enthält die Zölle und Mehrbelastungen für die Einfuhr einer Schnelldrehbank mit Leit- und Zugspindel und Nortonkasten, 250 × 200 mm, Gewicht netto 2450 kg, brutto 2650 kg, Ausfuhrpreis 2430,— $\mathscr{M}$. Die Angaben beziehen sich ebenfalls auf den Stand vom April 1924. Es ergibt sich, daß die Mehrbelastungen deutscher Maschinen, besonders in Spanien und Belgien, außerordentlich hoch waren, was um so schwerer ins Gewicht fiel, als zu den begünstigten Ländern überall England und die Vereinigten Staaten, die Hauptwettbewerbsländer des deutschen Maschinenbaues, gehörten.

Zahlentafel 36.

		Einfuhrzoll einer Schnelldrehbank nach			
		Frankreich	Belgien	Italien	Spanien
Zoll für je 100 kg Bruttogewicht (Stand vom April 1924)	aus anderen Ländern $\mathscr{M}$.	31,08	2,16	31,78	60,74
	aus Deutschland . . $\mathscr{M}$.	48,52	34,60	39,73	108,72
	Vielfaches . . . . . vH	156	1600	125	179
Mehrbelastung Deutschlands	für 100 kg brutto $\mathscr{M}$.	17,44	32,44	7,95	47,98
	für 2650 kg brutto $\mathscr{M}$.	427,28	794,78	210,68	1271,47
Mehrbelastung in vH des Ausfuhrpreises von 2430,— $\mathscr{M}$. . . . . vH		17,6	32,7	8,7	52,0

Aus den geschilderten Hemmungen mannigfacher Art, die sich der deutschen Maschinenausfuhr nach dem Kriege entgegenstellten, erklären sich ihr starker Rückgang und die Verschiebungen in ihrer Verteilung auf die einzelnen Absatzländer, was im Abschnitt C 3 (vgl. S. 113) nachgewiesen werden wird. Auch die Erschwerung des Außenhandels wirkte sich aus in Auftragsmangel, schlechtem Beschäftigungsgrad und den aus ihm resultierenden Verlusten der Firmen des Maschinenbaues (vgl. S. 73—76). Die Möglichkeit, diese Verhältnisse zu bessern, ergab sich erst, als die bis zum 10. Januar 1924 fällige Verlängerung der Geltungsfrist (10. Januar 1925) für die erwähnten Artikel des Friedensvertrages, durch welche Deutschlands handelspolitische Freiheit beschränkt wurde, nicht erfolgte. Die unmittelbare Folge davon war, daß das Ausland gezwungen wurde, seine Handelsbeziehungen zu Deutschland neu zu regeln.

Der gegenwärtige Stand (Juli 1926) der daraus sich ergebenden Handelsvertragsverhandlungen[1]) soll im folgenden besprochen werden, soweit sie für den Maschinenbau von Bedeutung sind. Die Verhandlungen mit Frankreich konnten noch immer nicht ab-

---

[1]) Nach Angaben der Außenhandelsabteilung des VDMA, die größtenteils auf den Berichten des Vertreters des VDMA bei den Verhandlungen beruhen.

geschlossen werden. Während Deutschland die uneingeschränkte, gegenseitige Meistbegünstigung und Abbau der französischen Einfuhrverbote fordert, gewährt Frankreich in seinen Verträgen nur eine listenmäßige Meistbegünstigung und will es auch an gewissen Einfuhrverboten festhalten; eine Ermäßigung der Minimalzölle ist in Frankreich gesetzlich ausgeschlossen. Die von Frankreich angebotenen Zugeständnisse bezüglich Erzeugnissen des Maschinenbaues sind ungenügend. Ein Verständigungsversuch zwischen dem deutschen und dem französischen Maschinenbau scheiterte. Auch der Versuch, ein Provisorium abzuschließen, das für deutsche Maschinen anderthalbfache Minimalzölle vorsieht, während sie sonst eine viermal höhere Belastung zu tragen haben als die von Frankreich meistbegünstigten Staaten, kam bisher zu keinem Ergebnis. Die erste Verständigung in den seit Oktober 1924 fast ununterbrochen gepflogenen Verhandlungen mit Frankreich bildet das Teilabkommen (Gemüseprovisorium) vom 12. Februar 1926, das für die Dauer vom 1. März bis 31. Mai der französischen Landwirtschaft für ein bestimmtes Kontingent Erleichterungen bei der Ausfuhr nach Deutschland gewährt und anderseits für eine beschränkte Anzahl deutscher Industrieprodukte die Ausfuhr nach Frankreich für die Zeit vom 1. April bis 30. Juni erleichtert. Davon werden u. a. auch Landmaschinen und bestimmte Maschinenteile betroffen. Dies Abkommen wurde Anfang April auf ein neues Kontingent französischen Gemüses und auf neue Zollermäßigungen für wichtige deutsche Industrieprodukte erweitert. Es ist zu hoffen, daß das große Ausfuhrinteresse der französischen Landwirtschaft günstig auf den Abschluß eines Handelsvertrages auf der Grundlage der Meistbegünstigung einwirken wird.

Der am 4. April 1925 mit Belgien vereinbarte Handelsvertrag ist am 22. August ratifiziert worden und am 1. Oktober in Kraft getreten. Er basiert auf der gegenseitigen, uneingeschränkten Meistbegünstigung, mit dem Vorbehalt, daß gewisse Positionen des deutschen und des belgischen Zolltarifes noch für 6 bzw. 12 Monate vom Genuß der Meistbegünstigung ausgeschlossen sind. Davon werden auch einzelne, aber unwesentliche Maschinengattungen betroffen.

Der mit England am 2. Dezember 1924 unterzeichnete Handelsvertrag ist seit dem 8. September 1925 in Kraft. Auch er hat die gegenseitige, uneingeschränkte Meistbegünstigung zur Grundlage. Das ist an sich für den deutschen Maschinenbau belanglos, weil Maschinen nach England zollfrei eingeführt werden können, ist aber angesichts der englischen Schutzzollbewegung gleichwohl von Bedeutung. Der Vertrag ist auch deshalb für den Maschinenbau wertvoll, weil durch ihn die Aufenthalts- und Niederlassungsbeschränkungen deutscher Reichsangehöriger in England aufgehoben sind.

Auch der mit den Vereinigten Staaten am 8. Dezember 1924 abgeschlossene und von den Parlamenten beider Länder genehmigte Handelsvertrag (in Kraft seit dem 14. Oktober 1925) berührt den deutschen Maschinenbau wenig, da die Vereinigten Staaten nur einen autonomen Zolltarif ohne Vergünstigungssätze haben. Er beseitigt aber die obenerwähnten Anti-Dumping-Bestimmungen (vgl. S. 90).

Großes Interesse dagegen hatte der Maschinenbau an den Verhandlungen mit Spanien. Im vorläufigen Handelsabkommen vom 25. Juli 1925 gewährte Deutschland die einseitige, volle Meistbegünstigung und erhebliche Zollvergünstigungen für spanische Weine und Südfrüchte. Spanien gestand dafür den Fortfall des Valutaentwertungszuschlages zu, Anwendung seiner Tariffreihe II und Ermäßigung für einzelne deutsche Erzeugnisse bis 20 vH ihrer Sätze. Obgleich noch 10 vH der Positionen des Maschinenbaues bei der Herkunft aus Deutschland höher als meistbegünstigte Länder belastet werden, billigte der VDMA das Abkommen, weil ein vertragsloser Zustand für Maschinen 6—8fache Zölle gebracht hätte. Dennoch wurde das Abkommen von Deutschland mit Rücksicht auf den deutschen Weinbau zum 16. Oktober 1925 gekündigt. Neue Verhandlungen führten zum Abschluß eines zweiten Provisoriums am 18. November 1925 mit 6 Monaten Frist. Es belastete nicht selten deutsche Maschinen mit einem Zoll von 80 vH des Wertes, während der Satz für gleiche Maschinen aus England und den Vereinigten Staaten nur 30 bis 50 vH beträgt. Die Mehrbelastungen deutscher Maschinen dauerten also fort. Die Handelsvertragsverhandlungen führten endlich zur Unterzeichnung eines Handelsabkommens mit Spanien am 7. Mai 1926 (in Kraft seit 1. Juni). Dieses Abkommen ist insofern noch günstiger als das Provisorium vom Juli 1925, als Deutschland darin mit den anderen Vertragsstaaten Spaniens, abgesehen von Portugal und den spanisch-amerikanischen Republiken, im allgemeinen gleichgestellt ist.

Mit Italien wurde am 10. Januar 1925 ein provisorisches Handelsabkommen getroffen, in welchem Italien nur die teilweise Meistbegünstigung einräumte. Daher waren noch immer einzelne Maschinengattungen bei deutscher Herkunft höheren Zollsätzen unterworfen, was um so schwerer wog, als schon die italienischen Sätze der Meistbegünstigung sehr hoch sind. Diese letzten Mehrbelastungen deutscher Maschinen bei der Einfuhr nach Italien beseitigte der am 31. Oktober 1925 abgeschlossene Handelsvertrag auf der Grundlage gegenseitiger uneingeschränkter Meistbegünstigung, der seit dem 16. Dezember 1925 in Kraft ist.

In der Schweiz genießt Deutschland nach dem Handelsvertrag vom 12. Dezember 1904 das Recht der Meistbegünstigung. Der beiderseitige Handelsverkehr war aber nach dem Kriege durch eine Reihe von Einfuhrverboten erschwert. Daher verpflichteten sich beide Länder in dem

Protokoll vom 17. November 1924, alle Einfuhrverbote bis zum 30. September 1925 aufzuheben. In Verhandlungen Anfang September wurde diese Frist für einige wenige Verbote bis zum 31. Dezember 1925 verlängert. Der Maschinenbau wurde davon nur bezüglich der Holzbearbeitungsmaschinen betroffen. Anfang November 1925 wurde vom Schweizer Bundesrat ein neuer provisorischer Generaltarif beschlossen, dessen Anwendung aber noch vorbehalten ist. Seine Sätze für Maschinen sind um 50 vH und mehr höher als die des gegenwärtig noch gültigen Tarifs. Deutsch-schweizerische Wirtschaftsbesprechungen über einen neuen Handelsvertrag, die im Januar 1926 stattfanden und Anfang April wieder aufgenommen wurden, brachten aber bereits die bindende Zusage der Schweiz, eine Reihe wichtiger Maschinenarten nach den bisherigen Sätzen auch in Zukunft zu verzollen und für andere die Sätze des neuen Tarifs zu ermäßigen. Auf dieser Grundlage ist am 14. Juli 1926 mit der Schweiz ein Handelsvertrag unterzeichnet worden, dessen Ratifikation noch aussteht.

Auf Grund des Zusatzvertrages vom 12. Juli 1924 zum Wirtschaftsabkommen mit Deutsch-Österreich vom 1. September 1920 genießt Deutschland die Meistbegünstigung. Aber die zolltarifarischen Zugeständnisse Österreichs sind ganz unzureichend, so daß für die nächste Zeit bereits neue Verhandlungen geplant sind.

Die in dem Wirtschaftsabkommen mit der Tschechoslowakei vom 29. Juni 1920 vereinbarte uneingeschränkte, gegenseitige Meistbegünstigung setzt Deutschland in den Genuß der Rechte aus den Verträgen der Tschechoslowakei mit Italien, Frankreich und Deutsch-Österreich. Die deutsche Maschinenausfuhr wurde in den ersten Jahren nach dem Kriege empfindlich behindert durch Einfuhrbeschränkungen der Tschechoslowakei. Auch mit ihr stehen für die nächste Zeit neue Verhandlungen bevor.

Recht schwierig gestalteten sich die Verhältnisse mit Polen. In dem Provisorium vom 13. Januar 1925 mit Dauer bis zum 1. April war nur die Verpflichtung eingegangen worden, keinen Zollkrieg zu führen. Neue Verhandlungen begannen am 1. März. Der Wunsch Polens, die am 15. Juni ablaufenden zollfreien Einfuhrkontingente aus Polnisch-Oberschlesien zu verlängern, wurde von Deutschland aus anderen Gründen (z. B. Optantenfrage) abgelehnt. Polen antwortete mit Zollschikanen und der Weigerung, das Provisorium zu verlängern. In neuen Verhandlungen bot Deutschland Zugeständnisse (z. B. freie Kohlenkontingente aus Oberschlesien) an, Polen aber erließ am 20. Juni Einfuhrbeschränkungen für viele deutsche Erzeugnisse, so daß Deutschland zu Gegenmaßnahmen gezwungen war und ein offener Zollkrieg begann. Deutsche Maschinen werden von den polnischen Einfuhrverboten nur wenig betroffen. Polen bot am 15. September 1925 neue

Handelsvertragsverhandlungen an, die noch nicht beendet sind und Aussicht auf gegenseitige Meistbegünstigung bieten.

Der mit Rußland am 16. April 1922 geschlossene Vertrag von Rapallo war weniger wegen der Meistbegünstigungsklausel für Deutschland wichtig als wegen des russischen Verzichtes auf die Rechte aus dem Friedensvertrag von Versailles (Artikel 116) auf Wiedergutmachung. Von größerer Bedeutung dagegen ist der neue, am 12. Oktober 1925 in Moskau unterzeichnete Vertrag. Die im Mantelvertrag wiederum bestätigte Meistbegünstigung ist gegenwärtig bei unterschiedsloser Behandlung aller Einfuhrländer seitens Rußlands gegenstandslos, sichert aber alle von Rußland in Zukunft einem Lande gewährten Vorteile auch Deutschland. Der wesentliche Inhalt des Vertrages ist die Erleichterung im Verkehr mit den russischen staatlichen Handelsorganisationen und die Garantie von klaren rechtlichen Grundlagen des Ausfuhrgeschäftes. Die dadurch gebotene größere Sicherheit wird den wichtigen deutschen Maschinenexport nach Rußland erheblich fördern. Schwierig wird noch immer die gerade von Rußland beanspruchte Kreditgewährung bleiben, die Deutschland nicht im gleichen Maße wie England und den Vereinigten Staaten möglich ist (vgl. S. 86/87).

Die obenerwähnte unterschiedliche Behandlung deutscher Maschinen und solcher anderer Herkunft bei der Einfuhr nach Griechenland (vgl. S. 89) ist dadurch aufgehoben, daß Deutschland seit dem Frühjahr 1925 die uneingeschränkte Meistbegünstigung genießt.

Mit Schweden wurde am 14. Mai 1926 ein Handels- und Schiffahrtsvertrag unterzeichnet, der den deutschen Maschinenbau aber wenig berührt, abgesehen von Zollermäßigungen für schwedische Milchzentrifugen. Der Wert des Vertrages ist vor allem in der Sicherung stabiler Handelsverhältnisse mit Schweden zu erblicken.

Auch Deutschlands handelspolitische Beziehungen zum Saargebiet während der Dauer seiner Trennung vom Reich sind für den Maschinenbau von großem Interesse. Das Saarabkommen zwischen Frankreich und Deutschland vom 1. Juni 1925 sah für gewisse saarländische und deutsche Erzeugnisse Zollermäßigungen vor, zum Teil auch für Maschinen (Minimaltarif bzw. 30 bis 50 vH ermäßigte Minimalzölle bzw. Zollfreiheit), aber nur unter der Voraussetzung, daß die eingeführten Maschinen in eine Gruppe von Maschinen deutschen Ursprungs und gleichen Typs eingereiht würden und die Verwendung saarländischer oder französischer Maschinen den guten Gang des Unternehmens schädigte. Bedingung für das Inkrafttreten des Abkommens war eine privatwirtschaftliche Verständigung zwischen der saarländischen und der lothringischen Eisenindustrie über eine von der ersteren der letzteren zu gewährende Abgabe pro Tonne Eisen. Da diese Verständigung nicht zustande kam, konnte der Abschluß des Abkommens nicht erreicht werden. Das Saargebiet ist ab Ende 1924 in das französische Zollgebiet übergegangen, die bisherige zollfreie Einfuhr dorthin ist also unterbunden, so daß der deutsche Maschinenbau ein starkes Interesse an dem Abkommen hätte.

Wenn auch die Verhandlungen mit Frankreich und Polen noch zu keinem abschließenden, befriedigenden Ergebnis geführt haben, so zeigt doch der gegebene Überblick, daß unsere wiedererlangte handelspolitische Freiheit und die mehr oder weniger große wirtschaftliche Verknüpfung des Auslandes mit Deutschland dem deutschen Außenhandel wieder die nötigen wirtschaftspolitischen Vorbedingungen geschaffen haben und noch schaffen werden. Die Auswirkung dieser Tatsache läßt sich bereits in der gesteigerten Maschinenausfuhr seit Anfang 1925 verfolgen (vgl. Abschnitt C 3).

C. Statistischer Nachweis der Notlage der Maschinenindustrie.

Die in den vier Kapiteln des vorangegangenen Abschnittes aufgezeigten Erschwernisse der Produktionsbedingungen und Existenzgrundlagen der deutschen Maschinenindustrie mußten sich in Verbindung mit der allgemeinen schlechten deutschen Wirtschaftslage nach dem Kriege in der Richtung auswirken, daß auf ihre hohe wirtschaftliche Blüte vor 1914 ein gewisser Niedergang folgte. Sind bisher die wichtigsten Faktoren, die für die Lage der Maschinenindustrie von bestimmender Bedeutung sind, nur nach Ursache und Einflußrichtung gekennzeichnet worden, so soll nun im folgenden ihre vereinte Wirkung in den Zahlen und Kurven des Auftragseinganges und Versandes, des Beschäftigungsgrades und der Ausfuhr des Maschinenbaues ihren Ausdruck finden. Auf eine eingehende Erläuterung dieser Zahlen und Kurven kann und muß verzichtet werden, weil sie eben mehr oder ·weniger alle aus der Wechselwirkung der im einzelnen geschilderten Momente resultieren.

1. Auftragseingang und Versand.

Ein anschauliches Bild von den Konjunkturschwankungen und der Entwicklung der letzten Jahre im Maschinenbau geben die Gewichtszahlen des Auftrageinganges und des Versandes der Tafel 37, die sich auf den einzelnen Beschäftigten beziehen. Sie sind den einwandfreien und zuverlässigen Vierteljahrserhebungen des VDMA entnommen, an denen sich durchschnittlich 600 Firmen aller Produktionszweige und Größenklassen beteiligen. Die Errechnung basiert auf den regelmäßig mit den Gewichtsangaben erfragten Zahlen der im Maschinenbau Beschäftigten der Firmen. Zu den Zahlen der Tafel 37 ist von vornherein zu bemerken, daß sie die Notlage im Maschinenbau nur relativ wiedergeben. Denn der absolute Rückgang im Auftragseingang und Versand bei fallender Tendenz ist in dem Maße der meist gleichzeitig eingetretenen Belegschaftsverminderung der Werke größer als der relative bei der Berechnung auf den einzelnen Beschäftigten. Gleichwohl geben die Zahlen und Kurven den Konjunkturablauf im Maschinenbau gut wieder.

Zahlentafel 37.

	Auftragseingang und Versand im Maschinenbau								
	Aufträge pro Beschäftigten					Versand pro Beschäftigten			
	Insgesamt	Inland		Ausland		Insgesamt	Inland		Ausland	
	t	t	vH	t	vH	t	t	vH	t	vH
1. Vierteljahr 1921	1,12	0,73	65	0,39	35	1,01	0,72	71	0,29	29
2. ,,	0,99	0,76	77	0,23	23	1,28	0,97	76	0,31	24
3. ,,	1,22	0,94	77	0,28	23	0,85	0,65	77	0,20	23
4. ,,	1,29	0,99	77	0,30	23	0,90	0,67	74	0,23	26
1. Vierteljahr 1922	1,11	0,89	80	0,22	20	0,94	0,68	73	0,25	27
2. ,,	0,88	0,71	80	0,18	20	0,87	0,66	76	0,21	24
3. ,,	0,76	0,62	81	0,14	19	1,16	0,94	81	0,22	19
4. ,,	0,75	0,55	73	0,20	27	0,95	0,72	76	0,23	24
1. Vierteljahr 1923	0,63	0,49	78	0,14	22	0,84	0,67	80	0,17	20
2. ,,	0,64	0,46	72	0,18	28	0,81	0,59	73	0,22	27
3. ,,	0,53	0,36	68	0,17	32	0,54	0,40	75	0,14	25
4. ,,	0,40	0,26	65	0,14	35	0,60	0,38	63	0,22	37
1. Vierteljahr 1924	0,78	0,61	79	0,17	21	0,69	0,50	73	0,19	27
2. ,,	0,82	0,60	74	0,22	26	0,87	0,69	79	0,19	21
3. ,,	0,79	0,58	73	0,21	27	0,95	0,73	77	0,22	23
4. ,,	1,08	0,80	75	0,27	25	0,91	0,70	77	0,21	23
1. Vierteljahr 1925	1,26	1,00	80	0,26	20	0,95	0,75	79	0,20	21
2. ,,	1,12	0,83	74	0,29	26	1,05	0,81	77	0,24	23
3. ,,	0,94	0,69	73	0,25	27	1,11	0,85	76	0,26	24
4. ,,	0,85	0,54	64	0,31	36	1,11	0,76	69	0,35	31
1. Vierteljahr 1926	0,90	0,59	66	0,31	34	1,05	0,69	66	0,36	34
2. ,,	1,03	0,69	67	0,34	33	1,12	0,76	68	0,36	32

Die Kurven der Abb. 24 und 25 zeigen, daß die auffällig unruhig verlaufenden Linien des Auftragseinganges und Versandes Ende 1923 unter der Wirkung der Ruhrbesetzung ihren tiefsten Punkt erreichen. Bei der Beurteilung der Kurven ist zu berücksichtigen, daß der Stand des Auftragseinganges Ende 1922, von welchem Zeitpunkt ab er innerhalb von zwei Jahren bis auf ein Drittel dieses Wertes fiel, an den Verhältnissen der Vorkriegszeit gemessen bereits als schlecht zu bezeichnen war. Zieht man weiter den Rückgang der Belegschaftsstärke in den Werken (vgl. Zahlen und Kurven im folgenden Kapitel C 2) innerhalb dieser Zeit in Betracht, so erhellt daraus die ganze absolute Größe der

Schmälerung des Absatzmarktes des deutschen Maschinenbaues, aus der für ihn die schwere Schädigung durch schlechten Beschäftigungsgrad

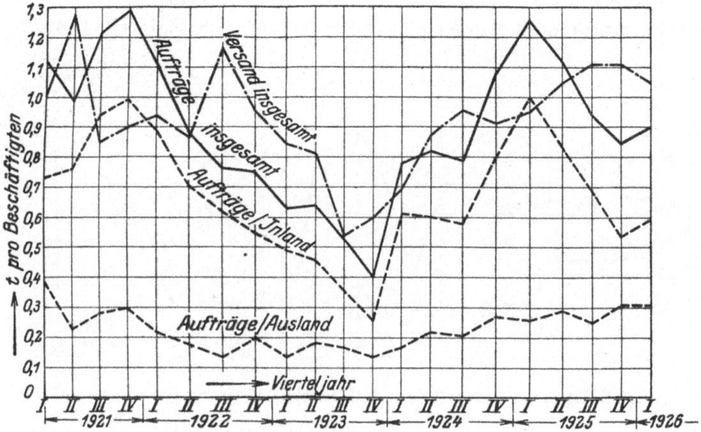

Abb. 24. Aufträge pro Beschäftigten im Maschinenbau insgesamt, aus dem Inland und Ausland 1921—1926.

herzuleiten ist, wie sie auf den Seiten 73 bis 76 besprochen wurde. Seit der Stabilisierung zeigten Auftragseingang und Versand aufsteigende Tendenz. Bis Mitte 1925 hatten die relativen Zahlen die Höhe der

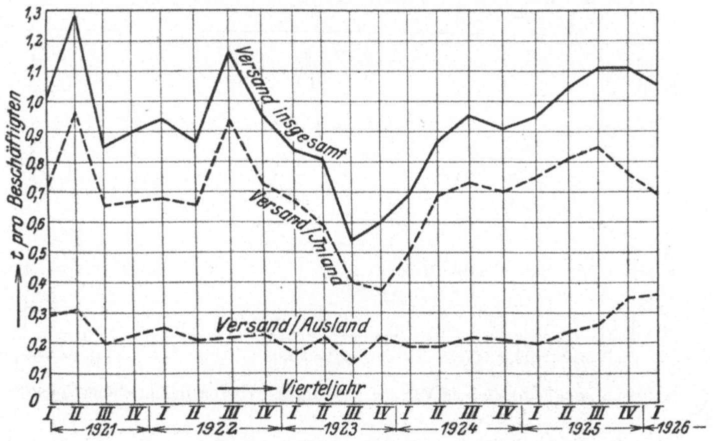

Abb. 25. Versand pro Beschäftigten im Maschinenbau insgesamt, nach dem Inland und Ausland 1921—1926.

Jahre 1921/22 wieder erreicht. Besonders günstig erscheint der verhältnismäßig gute Auftragseingang aus dem Ausland, der die Folge von Deutschlands neuer handelspolitischen Bewegungsfreiheit (vgl. S. 92 bis 97) ist. Zu beachten ist aber für die Verhältnisse von 1925, daß die

Belegschaftsstärke in den Werken gegenüber 1921/22 stark vermindert war[1]), daß also nur die relativen Zahlen, nicht die absoluten denen von 1921/22 entsprachen. Seit dem zweiten Vierteljahr 1925 ist die Kurve des Auftragseinganges wieder außerordentlich gefallen, während sich die

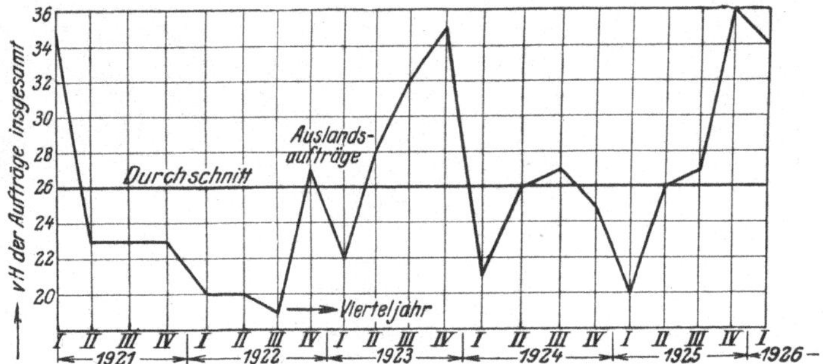

Abb. 26. Auslandsanteil an den Aufträgen pro Beschäftigten im Maschinenbau 1921—1926.

Versandkurve vermöge der Aufträge früherer Monate noch hielt. Bei steigenden Auslandsaufträgen fiel die Kurve des Gesamtauftragseinganges durch den Rückgang der Inlandsaufträge, die wegen Kreditnot und schlechter Beschäftigung der deutschen Wirtschaft ausblieben.

Sehr interessant ist die Phasenverschiebung zwischen den Kurven des Auftrageinganges und des Versandes, welche Abb. 24 zeigt. Sie beträgt

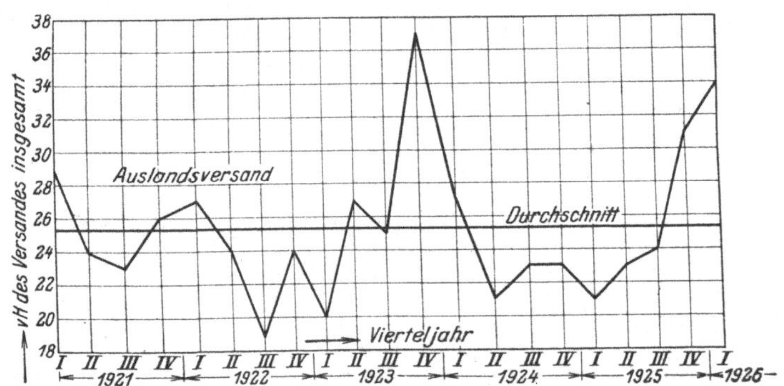

Abb. 27. Auslandsanteil an dem Versand pro Beschäftigten im Maschinenbau 1921—1926.

etwa 6 bis 9 Monate, wie aus der verschiedenen Lage der höchsten und tiefsten Punkte beider Kurven zu ersehen ist. Das ist der graphische Ausdruck dafür, welche Rolle langfristige Aufträge im Maschinenbau spielen.

---

[1]) Vgl. Zahlentafel 29 auf S. 63: 1922 hatte der VDMA 1101 Mitgliedsfirmen mit 540000 Beschäftigten, 1925 dagegen 1141 mit 386000, also mehr Firmen mit bedeutend weniger Beschäftigten. Außerdem vgl. Zahlentafel 40 auf S. 104.

Der vH-Anteil des Auslandes am Auftragseingang und Versand hat seit 1921 teilweise erheblich geschwankt. Dennoch ergibt der Durchschnitt des Auslandsversandes fast genau 25 vH des Gesamtversandes, was den Vorkriegsverhältnissen gleichkommt (vgl. S. 86). Nur Ende 1923 und seit Ende 1925 steigt der Auslandsanteil sowohl der Aufträge wie auch des Versandes über 30 vH, in einem Fall sogar auf 37 vH (vgl. Abb. 26 und 27). Das erklärt sich für 1923 aus der geschwächten Inlandskaufkraft zur Zeit des Zusammenbruches der deutschen Währung. Sehr anschaulich zeigen das auch Abb. 24 und 25 daran, daß sich die Kurven der Aufträge und des Versandes, die sich auf das Inland beziehen, bis Ende 1923 bzw. 1925 immer mehr denen des Auslandes nähern und sich von da ab wieder von ihnen entfernen. Der Auftragseingang aus dem Ausland fiel nach der Stabilisierung um die Jahreswende 1923/24 von 35 vH auf 21 vH (Abb. 26), weil die deutschen Preise die Weltmarktpreise überschritten hatten. Erst mit dem Abbau der deutschen Preise (vgl. S. 81) nimmt der Auslandsanteil der Aufträge ab Mitte 1924 wieder zu.

Die relative Verschleierung des schlechten Auftragsbestandes in der Zahlentafel 37 beseitigen die ebenfalls den Vierteljahrserhebungen des VDMA entnommenen Zahlen der Tafel 38 (Abb. 28). Sie geben den Auftragseingang in vH der Leistungsfähigkeit der Betriebe an seit 1922.

Zahlentafel 38.

Auftragseingang des Maschinenbaues in vH der Leistungsfähigkeit			
Zeit	vH	Zeit	vH
1. Vierteljahr 1922 . .	84	1. Vierteljahr 1924 . .	50
2. ,, . .	65	2. ,, . .	50
3. ,, . .	60	3. ,, . .	45
4. ,, . .	50	4. ,, . .	60
1. Vierteljahr 1923 . .		1. Vierteljahr 1925 . .	75
2. ,, . .	42	2. ,, . .	67
3. ,, . .	38	3. ,, . .	58
4. ,, . .	30	4. ,, . .	47
	20	1. Vierteljahr 1926 . .	38

Unter Leistungsfähigkeit ist dabei die Produktionsmöglichkeit bei voller Ausnützung der Betriebsanlagen und voller Belegschaftsstärke zu verstehen. Die betreffenden Angaben der an der Vierteljahrsstatistik des VDMA beteiligten Firmen sind zwar an sich nur Schätzungswerte und sind durch die Errechnung ihres in der Zahlentafel 38 eingetragenen Durchschnittes in der Stichhaltigkeit sicher beeinträchtigt, sie geben aber der wirtschaftlichen Entwicklung der letzten 4 Jahre einen so überzeugenden Ausdruck, daß sie den Konjunkturverlauf in dieser Zeitspanne mit genügender Genauigkeit zu kennzeichnen vermögen. Im

Verhältnis zu dem jeweiligen Beschäftigungsgrad in den einzelnen
Vierteljahren (vgl. Zahlentafel 40 im folgenden Kapitel) liegen die
Werte bis Ende 1924 weit unter diesem, ein Zeichen dafür, daß die Einschränkungen des Personalbestandes bis zu diesem Zeitpunkt nicht
entfernt dem Auftragsmangel entsprachen. Im übrigen trifft auf die
Zahlen der Tafel 38 das oben über den Auftragseingang Ge-
sagte zu, da die rela-
tiven und die abso-
luten Kurven des Auf-
tragseinganges in den
Abb. 24 und 28 durch-
aus analog verlaufen.

Die Ziffern der
Zahlentafel 37 lassen
schließlich eine letzte
wichtige Feststellung
zu. Addiert man die

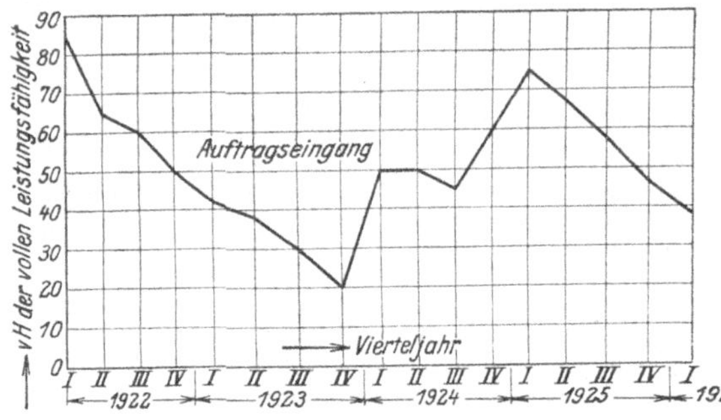

Abb. 28. Auftragseingang im Verhältnis zur Leistungsfähigkeit im Maschinenbau 1922—1926.

auf den einzelnen Beschäftigten entfallenden Versandgewichte, die ja mit
den auf die Belegschaft umgelegten Erzeugungsgewichten identisch sind,
zu Jahresgewichten und vergleicht ihre Werte mit denen der Statistik[1])
des VDMA vor dem Kriege, so ergibt sich der schlüssige Beweis für den
schlechten Wirkungsgrad der Produktion in den Jahren nach Kriegsende. In der Tafel 39 sind diese Zahlen zusammengestellt.

Zahlentafel 39.

Jährliches Erzeugungsgewicht pro Beschäftigten im deutschen Maschinenbau			
Vor dem Kriege	t	Nach dem Kriege	t
1909	5,3	1921	4,04
1910	5,7	1922	4,02
1911	6,2	1923	2,79
1912	6,6	1924	3,42
1913	7,1	1925	4,22

Die Zahlen für die Jahre 1909 bis 1913 beziehen sich auf die Angaben
einer die verschiedensten Zweige des Maschinenbaues vertretenden
Gruppe von jeweils den gleichen 55 Firmen, deren Belegschaft in den
fünf Jahren von 54000 auf 62000 stieg, auch sie stellen einen immerhin
guten Durchschnitt dar, wenn auch die Zahlen für die Zeit nach dem
Kriege auf einer bedeutend breiteren Grundlage basieren. Die erwähnte
Quelle errechnet aus den Angaben von 104 Firmen mit 94000 Be-

---

[1]) „Zehn Jahre Maschinenstatistik", Drucksache des VDMA 1920 Nr. 33.

schäftigten für 1913 sogar ein Erzeugungsgewicht von 7,7 t pro Beschäftigten. Mögen diese Zahlen auch mit Vorsicht aufgenommen werden, so können sie doch nicht so stark vergriffen sein, daß nicht eine erhebliche Differenz zu den Werten der Nachkriegszeit übrigbliebe[1]). Die Ursachen dieser Verminderung der Produktion, die zugleich eine Verteuerung bedeutet, sind im Abschnitt B 2 besprochen (vgl. besonders S. 60 bis 62). Sie sind, zeitlich verschieden, in der verkürzten Arbeitszeit, der Zunahme der unproduktiven Arbeitskräfte, den Entlassungsbeschränkungen und vor allem in dem Mißverhältnis zwischen Auftragsbestand und Belegschaftsstärke zu suchen. Wenn der Einheitswert der Erzeugung seit dem Tiefstand 1923 wieder im Steigen begriffen ist, so ist das in erster Linie auf die teilweise Beseitigung der erstgenannten Hemmungen zurückzuführen. Daß aber auch in dem relativ guten Jahr 1925 der Stand von 1914 nicht entfernt erreicht werden konnte, weist auf die dringende Notwendigkeit für den deutschen Maschinenbau hin, den Produktionsapparat entsprechend der geringeren Absatzmöglichkeit zu reduzieren und somit zu rationellerer Produktion zu gelangen.

2. Der Beschäftigungsgrad.

Die notwendige Ergänzung zu den Zahlen und Kurven des Auftragseinganges und Versandes pro Beschäftigten bildet eine Betrachtung der Bewegung der Belegschaftsstärke in der Maschinenindustrie. Sie zeigt zugleich, daß diese Bewegung durchaus nicht parallel zu der des Auftragseinganges erfolgt ist. Das geht aus den Zahlen der Tafel 40 (Abb. 29) hervor, die das Verhältnis der jeweiligen Belegschaft zu derjenigen bei voller Betriebsausnützung für Arbeiter, Angestellte und die Beschäftigten insgesamt nach den Vierteljahrserhebungen des VDMA unter durchschnittlich 600 Firmen angeben.

Ein Vergleich der Kurven der Abb. 24 und 29 zeigt, daß der Beschäftigungsgrad zwar bis Ende 1923 ungefähr entsprechend dem Auftragseingang fiel, aber seitdem nicht wieder in gleichem Maße stieg. Das läßt auf eine Gesundung der Verhältnisse insofern schließen, als infolge einer besseren Anpassung des Beschäftigungsgrades an die Bewegung des Auftragseinganges und der Erzeugung die Produktionsintensität im Steigen begriffen ist. Rechnet man über die Zahlen der Tafel 40 die Zahlen des Auftragseinganges aus der Tafel 37 durch Multiplikation auf die Werte für 100 vH Beschäftigungsgrad um und schafft dadurch eine absolute Vergleichsmöglichkeit, so ergibt sich, daß 1922 die Aufträge teilweise bedeutend niedriger waren als um die Jahreswende 1924/25. Wenn trotzdem der Beschäftigungsgrad in den

---

[1]) Die Angaben der Firma A. Borsig auf S. 61 bestätigen annähernd die Richtigkeit der Zahlen in Tafel 39.

Zahlentafel 40.

| | Belegschaftsstärke der Maschinenindustrie (Stand bei voller Betriebsausnützung = 100) | | |
| | Arbeiter | Angestellte | Beschäftigte insgesamt |
	vH	vH	vH
1. Vierteljahr 1921	86,4	98,9	88,0
2. „	92,1	96,6	92,8
3. „	89,5	97,4	90,7
4. „	90,5	98,1	91,7
1. Vierteljahr 1922	88,9	98,1	90,3
2. „	90,6	98,9	91,9
3. „	91,2	99,2	92,5
4. „	89,5	98,6	90,9
1. Vierteljahr 1923	87,2	98,1	89,0
2. „	85,4	97,3	87,3
3. „	83,1	96,0	85,3
4. „	71,0	91,1	74,2
1. Vierteljahr 1924	71,5	87,6	74,1
2. „	71,0	85,6	73,4
3. „	69,3	81,8	71,4
4. „	70,1	83,1	72,2
1. Vierteljahr 1925	73,0	85,1	75,0
2. „	75,2	86,8	77,1
3. „	73,8	83,4	75,4
4. „	65,2	81,5	67,9
1. Vierteljahr 1926	57,4	77,5	60,6
2. „	56,0	75,0	59,0

gleichen Bezugszeiten gerade entgegengesetzt erheblich differierte, so ist das aus den guten Auftragsbeständen vom Jahre 1921 her nur teilweise zu erklären; denn die in der erwähnten Weise errechneten absoluten Versandgewichte für das 4. Vierteljahr 1922 und das 2. Vierteljahr 1925 sind z. B. annähernd gleich, während der Beschäftigungsgrad zu den gleichen Zeiten 90,9 bzw. 77,1 vH betrug.

Diese Überlegung läßt erkennen, daß wiederum die in Abschnitt B 2 besprochenen Erscheinungen, die Zunahme der unproduktiven Arbeitskräfte und die Entlassungsbeschränkungen (vgl. S. 61/62), auf die Zahlen und den Verlauf der Kurven (Abb. 29) des Beschäftigungsgrades von bestimmendem Einfluß gewesen sind. Schon der verschiedene Verlauf der Kurven der Arbeiter und der Angestellten zeigt das. Der nie verschwindende ziffernmäßige Unterschied im Beschäftigungsgrad der Arbeiter und Angestellten erklärt sich daraus, daß Produktionseinschränkungen die Arbeiterzahl sehr bald, die Besetzung des technischen und verwaltungsmäßigen Apparats aber erst bei umfangreichen Einschränkungen berühren (vgl. S. 73/74). Daß sich aber der Beschäftigungsgrad der Angestellten bis zum 3. Vierteljahr 1923 auf über 95 vH halten konnte, zeigt eben den anormal hohen Bedarf an unproduktiven Arbeitskräften und die Wirkung der Entlassungsbeschränkungen. Denn das wahre Mißverhältnis zu den Zahlen der Arbeiter wird dadurch verschleiert, daß die seit Anfang 1923 einsetzende Kurzarbeit durch sie nicht zum Ausdruck kommt. So meldeten im 2. Vierteljahr 1923 etwa ein Drittel aller berichtenden Firmen Kurzarbeit und die Hälfte davon Kürzungen auf die halbe Arbeitszeit, im 3. Vierteljahr 70 vH Kurzarbeit und 54 vH Entlassungen unter der Wirkung der Ruhr-

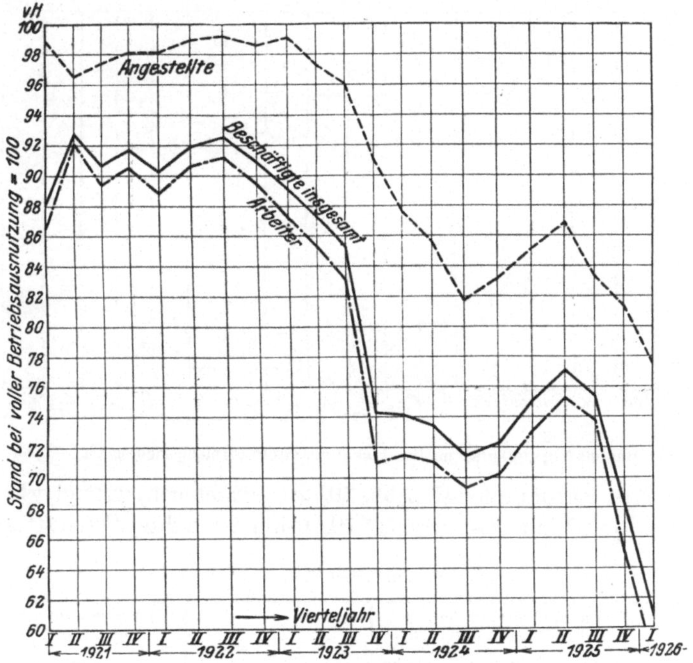

Abb. 29. Belegschaftsstärke der Maschinenindustrie 1921—1926
(Stand bei voller Betriebsausnützung = 100).

besetzung und des Währungsverfalls. Der Sturz aller Kurven der Abb. 29 Ende 1923 war die Folge der zu dieser Zeit erfolgten Aufhebung der Entlassungsbeschränkungen der Demobilmachungsverordnung. Nunmehr konnten auch in größerem Umfange Entlassungen von Angestellten vorgenommen werden. Es ist bemerkenswert, daß Mitte 1925 der Beschäftigungsgrad der Angestellten die Höhe von Anfang 1924 noch nicht wieder erreicht, der der Arbeiter sie aber bereits wieder erheblich überschritten hatte. Es hat also ein Ausgleich der ungesunden Verhältnisse von früher stattgefunden. Der starke Abfall des Beschäftigungsgrades seit dem 3. Vierteljahr 1925 ist auf den geringen Auftragseingang (vgl. Abb. 24) zurückzuführen.

Wenn auch die größere Produktionsintensität und der Ausgleich zwischen Arbeitern und Angestellten sicher eine Besserung der Lage bedeuten, so muß doch immer wieder darauf hingewiesen werden, daß der schlechte Beschäftigungsgrad, der sich kaum in absehbarer Zeit bessern wird, eine Quelle der Verluste und Belastungen der Produktion darstellt (vgl. S. 73 bis 76). Um die Größe dieser Verlustquelle noch in anderer Weise zu illustrieren, ist aus den Ergebnissen der monatlichen Umfrage des VDMA in einem kleineren Mitgliederkreise (50 bis

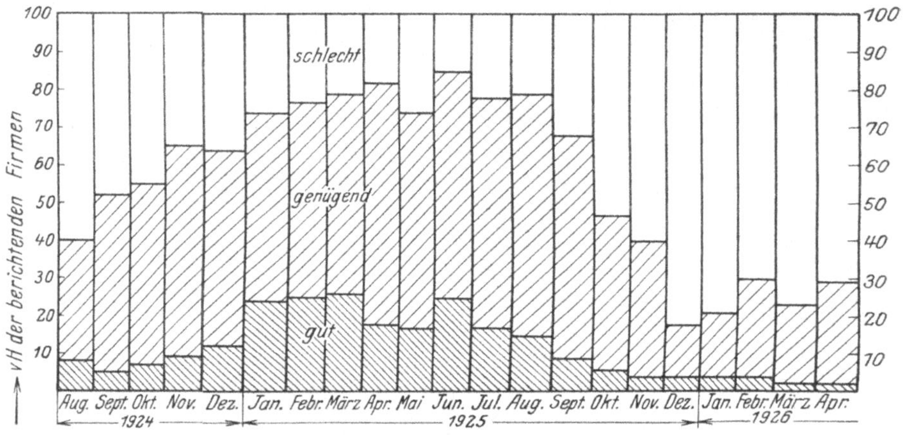

Abb. 30. Beschäftigungsgrad im Maschinenbau nach Firmenberichten 1924—1926.

100 Firmen) in Zahlentafel 41 (Abb. 30) zu entnehmen, wieviel vH von den berichtenden Firmen seit August 1924 den Grad ihrer Beschäftigung,

Zahlentafel 41.

	Es berichteten den Beschäftigungsgrad als				Es berichteten den Beschäftigungsgrad als		
	gut	genügend	schlecht		gut	genügend	schlecht
	vH Firmen	vH Firmen	vH Firmen		vH Firmen	vH Firmen	vH Firmen
1924				August . .	15	64	21
August . .	8	32	60	September .	9	59	32
September .	5	47	48	Oktober . .	6	41	53
Oktober . .	7	48	45	November .	4	36	60
November .	9	56	35	Dezember .	4	14	82
Dezember .	12	52	36				
1925				**1926**			
Januar . .	24	50	26	Januar . .	4	17	79
Februar . .	25	52	23	Februar . .	4	26	70
März . . .	26	53	21	März . . .	2	21	77
April . . .	18	64	18	April . . .	2	27	71
Mai	17	57	26	Mai	3	16	81
Juni . . .	25	60	15	Juni . . .	5	22	73
Juli	17	61	22	Juli	1	25	74

d. h. in diesem Falle der Beschäftigungsmöglichkeit ihrer jeweiligen Belegschaft, als gut, genügend oder ungenügend bezeichneten[1]).

Die Darstellung in Abb. 30 zeigt recht anschaulich, wie sowohl die Summe der Firmen, die den Beschäftigungsgrad als gut oder genügend bezeichneten, als auch die Zahl der Firmen mit gutem Beschäftigungsgrad für sich allein anteilmäßig bis Juni 1925, abgesehen von einer Unterbrechung dieser Tendenz im Mai bzw. im April und Mai, ständig gestiegen sind. Seitdem ist eine rückläufige Bewegung und damit eine außerordentliche Steigerung des Anteils der Firmen mit schlechtem Beschäftigungsgrad eingetreten, was mit dem Abfall der Kurve des Auftragseinganges in Abb. 24 korrespondiert.

3. Außenhandelszahlen.

Die Entwicklung der deutschen Maschinenausfuhr in den Jahren nach dem Kriege begann sich erst in dem Augenblick der wahren Lage anzupassen, als sich mit der Stabilisierung der Währung das innerdeutsche Preisniveau, am Weltmaßstab gemessen, in seiner vollen Höhe offenbarte. Das geht aus den Zahlen der Tafel 42 hervor. Sie enthält die deutsche Ausfuhr und Einfuhr von Maschinen in den einzelnen Quartalen der Jahre 1922 bis 1924 und zum Vergleich mit der Entwicklung vor dem Kriege auch die Zahlen für 1912 und 1913[2]). Die Jahre 1919 bis 1921 können in die Betrachtung nicht einbezogen werden, weil für diese Zeit die Ergebnisse der amtlichen Statistik nur teilweise veröffentlicht sind. Die Unterschiede gegenüber den Angaben der Zahlentafel 12 auf S. 20 beruhen auf einer anderen Berechnungsweise, die außer den dort nur berücksichtigten Positionen des Abschnitts 18 A des deutschen Zolltarifs auch noch verschiedene, zu einzelnen Fachverbandsgruppen des VDMA gehörige Tarifnummern des Abschnitts 17 mitzählt. Die Zahlen in Tafel 42 beziehen sich auf Gewichtsmengen, weil Wertvergleiche wegen der Inflation und der Preisveränderungen nicht möglich sind.

Der Sturz der Ausfuhrkurve in Abb. 31 von Ende 1922 an ist so jäh und anhaltend, daß das Wort von der Scheinblüte der deutschen Maschinenausfuhr im Jahre 1922 der Berechtigung kaum entbehrt. Ihre Höhe ist nur aus den zur Zeit mäßiger Inflation unverhältnismäßig niedrigen deutschen Preisen erklärlich. Es ist kein Zufall, daß der Auftragseingang aus dem Ausland, der sich dann in der großen Aus-

---

[1]) Bezüglich der kritischen Würdigung dieser Angaben ist zu bemerken, daß sie recht gut mit den gleichartigen regelmäßigen Veröffentlichungen für die gesamte Industrie im Reichsarbeitsblatt übereinstimmen.

[2]) Quelle: „Monatliche Nachweise des auswärtigen Handels Deutschlands".

Zahlentafel 42.

| | Deutschlands Maschinenaußenhandel | | |
| | Ausfuhr | Einfuhr | |
	1000 t	1000 t	vH der Ausfuhr
1. Vierteljahr 1912	135,1	21,4	15,8
2. ,, ...	147,3	28,5	19,3
3. ,, ...	157,3	22,4	14,2
4. ,, ...	163,3	16,4	10,0
1. Vierteljahr 1913	150,7	17,0	11,3
2. ,, ...	168,2	37,1	22,1
3. ,, ...	159,2	25,2	15,8
4. ,, ...	189,8	17,9	9,4
1. Vierteljahr 1922	119,1	4,7	3,9
2. ,, ...	132,7	4,0	3,0
3. ,, ...	122,8	3,3	2,7
4. ,, ...	164,5	3,9	2,4
1. Vierteljahr 1923	100,2	2,6	2,6
2. ,, ...	74,0	1,2	1,6
3. ,, ...	82,5	2,5	3,0
4. ,, ...	88,7	2,2	2,5
1. Vierteljahr 1924	66,4	2,5	3,8
2. ,, ...	72,4	3,8	5,2
3. ,, ...	82,5	4,7	5,7
4. ,, ...	87,8	6,5	7,4

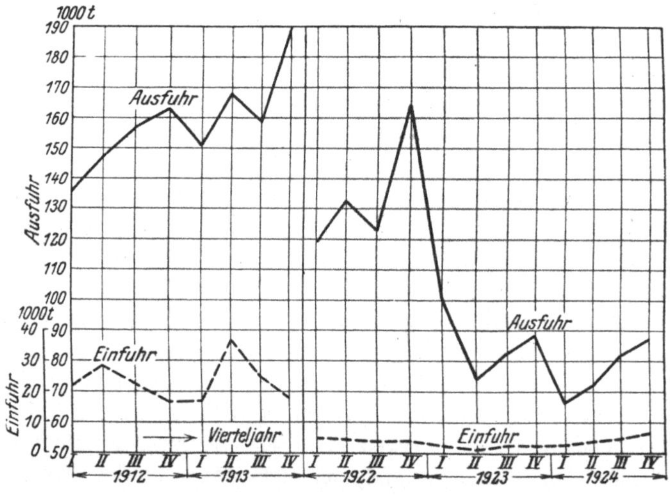

Abb. 31. Deutschlands Maschinenaußenhandel 1912/13 und 1922—1924.

fuhr 1922 auswirkte, 1921 so hoch war (vgl. Zahlentafel 37). Daß für
den Niedergang der Ausfuhr nicht nur die wirtschaftlichen Schwierigkeiten aus der Ruhrbesetzung und dem Währungszusammenbruch,

sondern in erster Linie die Annäherung der deutschen Preise an die
Weltmarktpreise, deren Überschreitung und die dadurch erst recht
fühlbar und untragbar gewordenen Zollmaßnahmen des Auslandes
(vgl. S. 89 bis 92) die Ursachen waren, ist dadurch erwiesen, daß der
Sturz kein vorübergehender war, die Höhe der Ausfuhr vielmehr sich
von Anfang 1923 bis Ende 1924 nicht bessern konnte. Der Vergleich
mit den Kurven der beiden letzten Friedensjahre zeigt, von welcher
ungünstigen Wirkung diese Entwicklung für den deutschen Maschinenbau sein mußte. Lediglich der anteilmäßige Rückgang der Einfuhr
gegenüber der Vorkriegszeit kann als ein günstiges Moment bezeichnet
werden. Allerdings ist dabei zu berücksichtigen, daß die Einfuhr durch
die geringe deutsche Kaufkraft und Einfuhrverbote für eine Reihe
von Erzeugnissen der Maschinenindustrie niedergehalten wurde. Auf
die teilweise Aufhebung dieser Verbote ist die Zunahme der Einfuhr
im Jahre 1924 zurückzuführen. Im Jahre 1925 betrug dem Gewicht
nach die Einfuhr 10,4 vH der Maschinenausfuhr.

Ein Bild von der jüngsten Entwicklung geben die monatlichen Ausfuhrzahlen seit Januar 1925, verglichen mit den Monatsdurchschnitten
von 1913, 1922, 1923, 1924 und 1925 (Zahlentafel 43 und Abb. 32).

Zahlentafel 43.

Deutschlands Maschinenausfuhr seit Januar 1925			
Zeit	1000 t	Zeit	1000 t
Monatsdurchschnitt 1913 .	55,4	August	35,4
„ 1922 .	45,0	September	44,3
„ 1923 .	28,7	Oktober	44,3
„ 1924 .	25,8	November	36,4
„ 1925 .	36,4	Dezember	35,2
1925		**1926**	
Januar	29,9		
Februar	29,4	Januar	44,0
März	35,2	Februar	44,9
April	39,7	März	52,8
Mai	36,6	April	46,1
Juni	37,8	Mai	35,3
Juli	32,2	Juni	34,2

Dieser Vergleich ergibt, daß die Maschinenausfuhr in allen Monaten
seit Januar 1925 über den Monatsdurchschnitten von 1923 und 1924,
teilweise sogar erheblich über ihnen liegt, und den Monatsdurchschnitt
von 1922, dem besten Ausfuhrjahre nach dem Kriege, mehrfach erreicht.
Für 1925 ergibt sich eine Gesamtmaschinenausfuhr von 436 400 t, was
65,5 vH bzw. 81 vH der Ausfuhr von 1913 bzw. 1922 entspricht. Die
Gründe für diese Anfänge einer Wendung zur Aufwärtsbewegung der
Maschinenausfuhr sind kaum in Preisnachlässen (vgl. Zahlentafel 34
auf S. 81), sondern in der Wirkung der deutschen Handelsvertrags-

verhandlungen (auch in psychologischer Richtung) und der Beseitigung der Mehrbelastungen deutscher Maschinen im Ausland zu suchen.

Die Zahlen der deutschen Maschinenausfuhr nach dem Kriege erhalten erst ihre rechte Bedeutung, wenn man sie mit den entsprechenden Ziffern Englands und der Vereinigten Staaten, der Hauptwettbewerbsländer Deutschlands, vergleicht. Das läßt sich aber nur unvollkommen

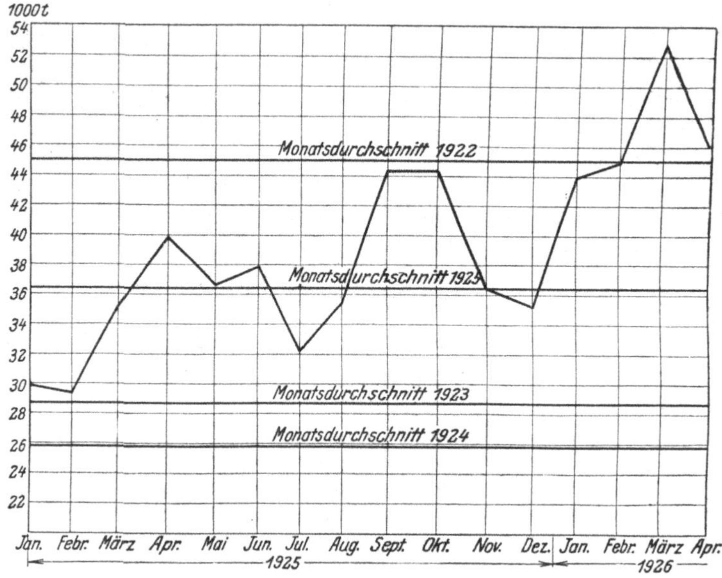

Abb. 32. Deutschlands Maschinenausfuhr Januar 1925 bis April 1926.

durchführen, weil die amerikanische Statistik nur Werte, aber keine Gewichtsmengen nennt. Daher gelten die deutschen und englischen Zahlen in Tafel 44 für 1000 t, die amerikanischen aber für Millionen Dollar. Zu bemerken ist auch, daß der unmittelbare Vergleich der Gewichts-

Zahlentafel 44.

| | Maschinenausfuhr | | | | | | |
| | Deutschland | | England | | Vereinigte Staaten | | |
	1000 t	vH	1000 t	vH	Mill. Dollar	vH	vH $\times$ 0,57
1913	666,4	100	650,9	100	163,4	100	—
1920					423,5	259	148
1921			485,5	75	378,3	232	132
1922	539,2	81	366,2	56	181,5	111	63
1923	344,5	52	399,1	61	237,9	145	83
1924	309,2	46	408,1	63	247,2	151	86
1925	436,4	66	464,6	71	311,8	191	109

zahlen der letzten Jahre mit denen von 1913 insofern etwas mangelhaft ist, als er die leichtere Bauweise und veränderte Konstruktionen der neueren Zeit unberücksichtigt läßt. Da die Wertzahlen wegen der Preissteigerung aber erst recht nicht vergleichbar sind, muß man sich schon der Gewichtsangaben bedienen.

Nach Möglichkeit sind die Ziffern Englands und der Vereinigten Staaten von der statistischen Abteilung des VDMA den deutschen entsprechend insofern berechnet, als die Erzeugnisse der 12 Fachverbandsgruppen des VDMA berücksichtigt sind, soweit die verschiedenen Positionen der ausländischen Veröffentlichungen das zulassen. Da trotzdem der Vergleich immer nur ein angenäherter bleibt, sind die englischen Zahlen wegen des geringen Unterschiedes von 1000 zu 1016 kg nicht auf deutsche Tonnen umgerechnet. Wegen der seit 1913 eingetretenen Preissteigerung sind die amerikanischen Zahlen nicht unmittelbar zum Vergleich heranzuziehen. Nimmt man, um überhaupt irgendwie die Nachkriegsausfuhr der Vereinigten Staaten zu der von 1913 in Beziehung zu setzen, in Ermangelung einer Durchschnittsziffer für die Teuerung im amerikanischen Maschinenbau als Grundlage eine durchschnittliche Preissteigerung von 175 vH[1]) an und dividiert die amerikanischen Zahlen durch 1,75 bzw. multipliziert die vH-Zahlen mit 1 : 1,75 = 0,57, so erhält man als einigermaßen brauchbare Vergleichszahlen die Ziffern in der letzten Spalte der Zahlentafel 44. In Anbetracht ihrer außerordentlichen Differenz zu den deutschen und englischen vH-Zahlen würden selbst größere Fehler in der Schätzung des Index das Gesamtbild nur unwesentlich verschieben.

Da sich die Zahlen der deutschen, englischen und amerikanischen Maschinenausfuhr mit verhältnismäßig geringen Abweichungen 1913

---

[1]) Auf diese Preissteigerung von 175 vH kommt man, wenn man die amerikanische Ausfuhr von 1913 und 1925 zur deutschen von 1913 und 1925 in Beziehung setzt. Die amerikanische Ausfuhr von 1309 Mill. *M.* betrug 1925 wertmäßig 178 vH der deutschen von 735 Mill. *M.*, während 1913 dies Verhältnis 93 vH betrug. Die deutsche Ausfuhr erreichte 1925 mengenmäßig 66 vH derjenigen von 1913. Aus dem Produkt $1{,}78 \times 0{,}93 \times 0{,}66$ folgt für 1925 eine mengenmäßige Steigerung der amerikanischen Ausfuhr von 118 vH gegenüber 1913, sofern man von der Voraussetzung gleicher Weltmarktpreise und einer gewichtsmäßig annähernd gleichen Zusammensetzung der deutschen und amerikanischen Ausfuhr ausgeht. Da die amerikanische Ausfuhr 1925 nach dem Dollarwert 191 vH gegenüber 1913 erreichte, folgt aus dem Quotienten 191 : 118 eine Preissteigerung von 175 vH. Da die gleiche Rechnung mit den Zahlen von 1924 genau dasselbe Ergebnis hat, dürfte es der Wirklichkeit einigermaßen entsprechen. — Köttgen, a. a. O. (S. 50), S. 26ff., erwähnt, daß sich in den Vereinigten Staaten der Inlandspreis für Maschinen durchschnittlich auf 200 vH gegenüber 1913 stellt und der Ausfuhrpreis darunter liegt. Auch nach diesen Angaben erscheint es richtig, mit 175 vH zu rechnen.

auf der gleichen Höhe bewegten (vgl. auch Zahlentafel 9 auf S. 17), geben die Kurven der Abb. 33 auf der Basis 1913 = 100 einen guten Anhalt für die Verschiebungen auf dem Maschinenweltmarkt. Im Jahre der Weltwirtschaftskrise 1922 beherrschten die billigen deutschen Inflationspreise den Markt. Aber mit dem Augenblick der Entschleierung der Inflationsverhältnisse in der Preisbildung rückte Deutschland, das 1913 führte, auf den dritten Platz der Maschinen ausführenden Nationen. Auch Englands Maschinenexport hat starke Einschränkungen erfahren, ohne aber den deutschen Tiefstand zu erreichen. Die Vereinigten Staaten haben wirtschaftlich auf Kosten Deutschlands und auch Englands den Krieg gewonnen. Im Jahre 1920 erreichte ihre Maschinenausfuhr einen Rekordstand, sank unter dem Einfluß der Wirtschaftskrise bis 1922 auf 43 vH, hat sich aber 1925 bereits wieder über die Friedenshöhe gehoben. Deutlich illustrieren also die Kurven Deutschlands Verdrängung aus der führenden Stellung auf

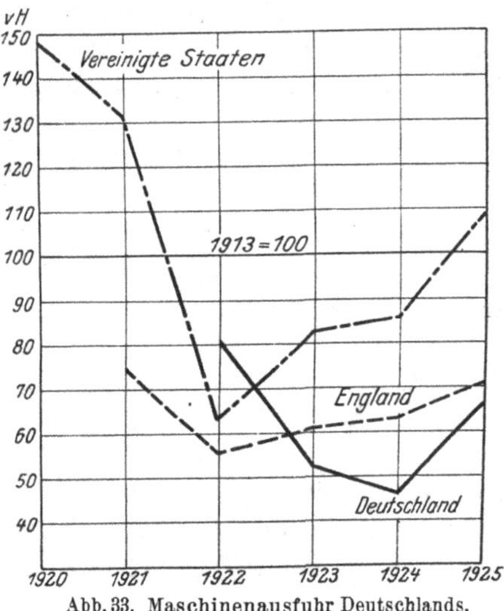

Abb. 33. Maschinenausfuhr Deutschlands, Englands und der Vereinigten Staaten 1920—1925 (1913 = 100).

dem Weltmaschinenmarkt, wofür die im Abschnitt B 4 geschilderten Gründe maßgebend waren.

Von Interesse sind schließlich die Veränderungen unter den Absatzländern Deutschlands für Maschinen. Zahlentafel 45 gibt einen Überblick über die Verteilung der deutschen Maschinenausfuhr in den Jahren 1913, 1922 und 1925 mit Angaben über die Reihenfolge der Absatzländer nach der Höhe der Ausfuhrmenge und ihren vH-Anteil.

Aus der Zusammenstellung geht hervor, welch großes Interesse Deutschland an den Handelsvertragsverhandlungen mit Polen und Frankreich haben muß. Italien rückte vom 5. bzw. 6. Platz an die erste Stelle. Sehr bemerkenswert ist das Vorrücken der Niederlande vom 6. auf den 2. Platz, den es in beiden Jahren 1922 und 1925 einnahm, und die erhöhte Bedeutung Brasiliens und Argentiniens. Die Wirkungen der handelspolitischen Mehrbelastungen, denen deutsche Maschinen in einer Reihe von Ländern ausgesetzt waren (vgl. S. 89 bis 92), bzw. der Einfuhrbeschränkungen kommen in den Ziffern Frankreichs und auch Englands und der Schweiz zum Ausdruck.

Zahlentafel 45.

	Länder-Reihenfolge			Ausfuhr in 1000 t			Ausfuhr in vH		
Verteilung der deutschen Maschinenausfuhr*) 1913, 1922 und 1925	1913	1922	1925	1913	1922	1925	1913	1922	1925
Rußland	1	—	—	113,9	—	—	19,1	—	—
Nordrußland	—	1	4	—	57,3	21,6	—	11,7	5,1
Lettland	—	—	34	—	—	3,1	—	—	0,7
Estland	—	9	39	—	17,1	1,0	—	3,5	0,2
Litauen	—	—	36	—	—	2,0	—	—	0,5
Polen	—	12	7	—	12,2	17,7	—	2,5	4,2
Österreich-Ungarn	2	—	—	65,5	—	—	11,0	—	—
Österreich	—	7	11	—	24,4	13,7	—	5,0	3,2
Tschechoslowakei	—	10	10	—	16,9	14,8	—	3,4	3,5
Ungarn	—	28	26	—	4,0	4,9	—	0,8	1,2
Jugoslawien	—	20	22	—	7,9	6,0	—	1,6	1,4
Frankreich**)	3	5	14	60,5	29,8	10,2	10,1	6,1	2,4
Saargebiet	—	17	30	—	9,3	4,2	—	1,9	1,0
Belgien**)	4	4	12	33,0	34,2	12,4	5,5	7,0	2,9
Italien	5	6	1	31,5	27,1	40,3	5,3	5,5	9,4
Niederlande	6	2	2	31,4	43,2	35,1	5,3	8,8	8,2
England	7	15	5	25,3	10,0	21,3	4,2	2,0	5,0
Spanien	8	8	8	22,6	19,3	17,0	3,8	3,9	4,0
Brasilien	9	19	3	19,6	8,3	27,3	3,3	1,7	6,4
Argentinien	10	11	6	18,5	15,4	18,7	3,1	3,1	4,4
Schweiz	11	13	9	17,8	11,2	16,9	3,0	2,3	4,0
Rumänien	12	3	17	17,4	35,1	9,0	2,9	7,2	2,1
Japan	13	22	21	12,2	6,8	6,9	2,0	1,4	1,6
Dänemark	14	14	16	11,2	10,4	9,8	1,9	2,1	2,3
Vereinigte Staaten	15	23	18	9,8	6,2	8,2	1,6	1,3	1,9
Schweden	16	16	13	9,1	9,5	11,9	1,5	1,9	2,8
Bulgarien	17	18	31	8,3	8,6	3,9	1,4	1,8	0,9
Chile	18	30	27	7,3	3,2	4,8	1,2	0,7	1,1
Norwegen	19	25	25	7,1	4,5	4,9	1,2	0,9	1,2
Portugal	20	21	35	4,8	7,0	3,1	0,8	1,4	0,7
Britisch-Indien	21	27	20	4,3	4,1	7,1	0,7	0,8	1,7
Finnland	22	26	33	4,1	4,4	3,6	0,7	0,9	0,8
Niederländ.-Indien	—	—	15	—	—	10,1	—	—	2,4
Türkei	23	33	23	4,1	1,3	5,9	0,7	0,3	1,4
Ägypten	24	—	28	3,8	—	4,7	0,6	—	1,1
Britisch-Südafrika	25	—	29	3,7	—	4,5	0,6	—	1,1
Mexiko	26	29	32	3,5	3,3	3,7	0,6	0,7	0,9
China	27	24	24	3,4	5,6	5,3	0,6	1,1	1,2
Australien	28	—	38	3,3	—	1,1	0,6	—	0,3
Peru	29	32	37	2,3	1,5	1,5	0,4	0,3	0,4
Griechenland	30	31	19	1,9	2,8	7,1	0,3	0,6	1,7
Übrige Länder	—	—	—	34,8	29,1	21,1	5,8	5,9	4,9
Insgesamt	—	—	—	596,0	491,0	426,4	100,0	100,0	100,0

*) Die Zahlen für 1913 und 1922 beziehen sich auf den Abschnitt 18A des deutschen Zolltarifs nach den Angaben der Statistik des Deutschen Reiches. Die Zahlen für 1925 sind dem Dezemberheft 1925 der „Monatlichen Nachweise des auswärtigen Handels Deutschlands" entnommen und dort nach den Gruppen des Internationalen Verzeichnisses unterteilt. Daraus erklärt sich die Differenz gegenüber der Angabe in Zahlentafel 43, weil einige Positionen nicht zu den Maschinen gezählt werden, die der VDMA zu seinen Erzeugnissen rechnet.

**) Für 1922 und 1925 Frankreich einschl. Elsaß-Lothringen, Belgien einschl. Luxemburg.

Die Verteilung der deutschen Maschinenausfuhr auf die Erdteile verschob sich seit 1913 nach folgenden Ziffern:

	1913	1922	1925
Europa . . .	80 vH	85 vH	73 vH
Amerika . .	12 „	9 „	16 „
Asien	5 „	5 „	9 „
Afrika . . .	3 „	1 „	2 „
	100 vH	100 vH	100 vH

An der Stärkung der Ausfuhr nach Übersee im Jahre 1925 gegenüber 1922 sind durch einen größeren vH-Anteil an der Gesamtausfuhr Brasilien, Argentinien, Chile, die Vereinigten Staaten und Britisch-Indien in erster Linie beteiligt. Es wäre ein günstiges Zeichen, wenn diese Tendenz sich fortsetzte. Denn besonders in Übersee haben die Vereinigten Staaten während der Kriegsjahre den Maschinenmarkt an sich gerissen.

D. Die Organisation der Maschinenindustrie.

Es wäre aus doppeltem Grunde eine Unvollständigkeit in der Darstellung der Gegenwartsfragen des deutschen Maschinenbaues, wenn sie abgeschlossen würde, ohne die Organisation der Maschinenindustrie zu erwähnen. Denn einmal gründen sich wesentliche Teile dieser Arbeit auf die ausgezeichnete Statistik und die Schriften des Spitzenverbandes der Maschinenindustrie, die dem Verfasser dankenswerterweise zur Verfügung gestellt wurden, und dann erfordert der Gesichtspunkt, daß in erster Linie eine Vereinigung der wirtschaftlichen Kräfte der heutigen Notlage zu steuern vermag, eine kurze Betrachtung der Verbandsbildung im Maschinenbau. Sie kann aber nur rein informatorischen Charakter haben, ohne kritisch und verbandspolitisch die verschiedenen Formen wirtschaftlicher Organisationen und ihrer Bindungen in Anwendung auf die Maschinenindustrie zu erörtern, weil solche Erörterung nach Umfang und Ziel außerhalb des Rahmens dieser Arbeit liegt. Zu erwähnen ist hier lediglich die Entwicklung des Vereins Deutscher Maschinenbauanstalten, des Fachverbandswesens im Maschinenbau und auch der privatwirtschaftlichen Zusammenschlüsse nach Art und Ausmaß.

1. Der Verein Deutscher Maschinenbauanstalten.

Die Verbandsbestrebungen im Maschinenbau gehen entsprechend dem Vorbild der Rohstoff- und der Halbzeugindustrie bis auf die achtziger Jahre des vorigen Jahrhunderts zurück. Die im Jahre 1890 gegründete „Vereinigung rheinisch-westfälischer Maschinenbauanstalten" erweiterte sich 1892 zu dem „Verein Deutscher Maschinenbauanstalten" (VDMA), dessen Ziel die wirtschaftliche Zusammenfassung und Vertretung der gesamten deutschen Maschinenindustrie war. Hervorgegangen aus der westlichen Industrie stand der VDMA lange Jahre in engster Fühlung mit der Eisenhüttenindustrie, deren Interessen mit denen der Maschinenindustrie wechselseitig bezüglich Lieferung und Abnahme weitgehend verbunden waren (vgl. S. 2). Der Trennung der Geschäftsführung, die bis 1910 durch Personalunion mit der des Vereins deutscher Eisenhüttenleute vereint war, folgte im Herbst 1914 die Verlegung der Geschäftsstelle des VDMA nach Berlin-Charlottenburg.

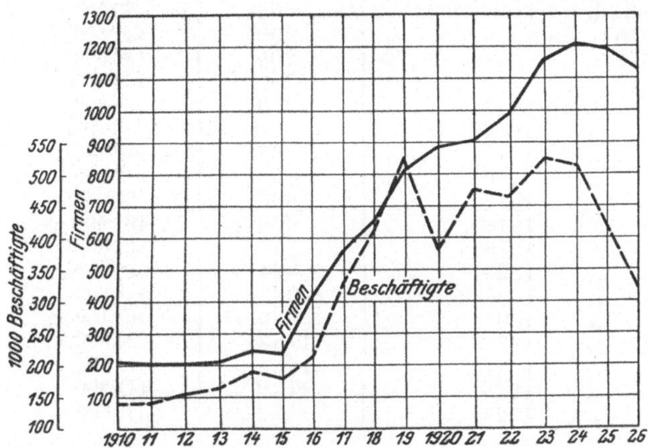

Abb. 34. Mitgliederstand des Vereins Deutscher Maschinenbauanstalten nach Zahl der Firmen und ihrer Beschäftigten 1910—1926.

Die Entwicklung der Mitgliedschaft des VDMA, die aus der Zahlentafel 46[1]) ersichtlich ist, bietet zugleich einen Maßstab für die Entwicklung der deutschen Maschinenindustrie. Die Kurven der Abb. 34 lassen das Tempo dieser Entwicklung erkennen. Im Gründungsjahr 1892 gehörten dem VDMA 56 Firmen mit 25000 Beschäftigten an. Nach rund 30 Jahren erreicht die Firmenzahl die 1200, die Beschäftigtenziffer übersteigt mehrfach die 500000. Damit vertritt der VDMA an der Zahl der Beschäftigten gemessen annähernd drei Viertel des deutschen Maschinenbaues (vgl. weiter unten). Die Gründe für den so sehr verschiedenen Verlauf der Kurven der Firmenzahl und der Beschäftigtenziffer sind bereits in vorhergehenden Abschnitten be-

---

[1]) Die Unterschiede gegenüber den Angaben der Zahlentafel 29 auf S. 63 ergeben sich aus verschiedenen Bezugsmonaten. Die Ziffern der Zahlentafel 46 gelten für den 1. Januar jedes Jahres, die der Zahlentafel 29 für den 1. Juli, weil nur für diesen Zeitpunkt jeweils die in Zahlentafel 29 enthaltene Zusammensetzung der Belegschaft veröffentlicht worden ist.

sprochen worden. Daß der VDMA in der Tat die Gesamtvertretung des deutschen Maschinenbaues ist, erweist in anderer Richtung Zahlentafel 47. Über drei Viertel aller Mitgliedsfirmen des VDMA gehören den drei untersten Betriebsgrößenklassen mit höchstens 250 Beschäftigten an.

Zahlentafel 46.

	Mitgliederstand des Vereins Deutscher Maschinenbauanstalten	
	Firmen	Beschäftigte
Gründungsjahr 1892 . .	56	25 000
1910	209	141 500
1911	205	140 600
1912	205	154 300
1. Januar 1913	213	163 600
1. ,, 1914	246	189 100
1. ,, 1915	238	179 400
1. ,, 1916	422	212 700
1. ,, 1917	566	329 900
1. ,, 1918	650	408 600
1. ,, 1919	814	522 800
1. ,, 1920	884	381 800
1. ,, 1921	903	474 600
1. ,, 1922	986	463 100
1. ,, 1923	1153	524 800
1. ,, 1924	1203	513 900
1. ,, 1925	1190	413 300
1. ,, 1926	1129	323 500

Zahlentafel 47.

	Die Mitgliedsfirmen des VDMA nach Betriebsgrößenklassen am 1. Januar 1926			
	Firmen		Beschäftigte	
	Zahl	vH	Zahl	vH
1 bis 50 Beschäftigte . .	277	24,5	8 181	2,5
51 bis 100 ,, . .	264	23,4	19 580	6,1
101 bis 250 ,, . .	319	28,3	52 684	16,3
251 bis 500 ,, . .	138	12,2	49 547	15,3
501 bis 1000 ,, . .	68	6,1	48 533	15,0
1001 bis 1500 ,, . .	25	2,2	30 258	9,4
1501 bis 3000 ,, . .	24	2,1	46 975	14,5
3001 bis 5000 ,, . .	8	0,7	31 142	9,6
über 5000 ,, . .	6	0,5	36 554	11,3
Summe	1129	100,0	323 454	100,0

Nachdem der VDMA fast drei Jahrzehnte nur einzelne Firmen als Mitglieder aufgenommen und seine Organe durch Wahl aus deren Mitte gebildet hatte, trug eine Umorganisation im Herbst 1920 dem

Ausbau des Fachverbandswesens im Maschinenbau (vgl. das folgende
Kapitel) Rechnung. Es erfolgte eine Zusammenfassung der bestehenden
Fachverbände in 12 Fachverbandsgruppen, zu denen Mitte 1924 durch
den Anschluß des Verbandes deutscher Apparatebauanstalten eine drei-
zehnte trat. Die Zahlen in der folgenden Gruppierung, die zwar über-
holt sind, aber das Stärkeverhältnis der Gruppen zueinander erkennen
lassen, beruhen auf Schätzungen der Fachverbandsabteilung des VDMA
nach dem Stand von Mitte 1924, bezogen auf Normalbeschäftigung.

Fachverbandsgruppen des VDMA	Beschäftigte	
	Zahl	vH
I. Werkzeugmaschinen und Maschinenwerkzeuge (8)	125000	18
II. Textilmaschinen (12)	50000	7
III. Landmaschinen (5)	80000	11
IV. Lokomotiven (1)	75000	11
V. Kraftmaschinen (4)	45000	6
VI. Arbeitsmaschinen (12)	45000	6
VII. Hütten-, Stahl- und Walzwerksanlagen und -maschinen (2)	30000	4
VIII. Mechanische Fördermittel (Krane, Aufzüge, Hebezeuge usw.) (6)	40000	6
IX. Maschinen für die Papierindustrie und das graphische Gewerbe (4)	25000	4
X. Maschinen für die Nahrungs- und Genußmittel- und die chemische Industrie (7)	40000	6
XI. Zerkleinerungs- und Aufbereitungsmaschinen (18)	30000	4
XII. Sondermaschinen und Maschinenteile (23)	60000	9
XIII. Apparate (1)	30000	4
Nicht organisierte Gebiete des Maschinenbaues	25000	4
	700000	100

Von den nachgewiesenen 700000 Beschäftigten waren nach der
angegebenen Quelle 510000 (73 vH) durch Einzelfirmen unmittelbar
und weitere 150000 (21 vH) mittelbar durch Zugehörigkeit der Firmen
nur zu einem Fachverband, also zusammen 660000 (94 vH) dem VDMA
angeschlossen und in Fachverbänden organisiert, während die Summe
der Beschäftigten von Firmen, die weder dem VDMA noch einem Fachverband angehörten, auf 40000 (6 vH) geschätzt wurde. Die meisten
der Fachverbände sind dem VDMA als körperschaftliche Mitglieder
angeschlossen. Ihre Zahl, die sich Anfang 1926 gemäß den einge-
klammerten Ziffern in der Aufstellung verteilte, ging von 143 am
1. Januar 1923 nach der Aufhebung der Außenhandelsüberwachung
(vgl. das folgende Kapitel) auf 137 zu Anfang 1924 und 103 zu Anfang
1926 zurück; der Rückgang beträgt aber nach der Beschäftigtenzahl
nur etwa 10 vH. Der Einfluß der Fachverbände auf den VDMA kommt

darin zum Ausdruck, daß jede der Fachverbandsgruppen zwei von ihr gewählte Vertreter in den Hauptvorstand des VDMA entsendet, dem außerdem noch zwölf durch die Mitgliederversammlung der Einzelfirmen gewählte Vertreter angehören. Durch den gleichzeitigen Aufbau auf Einzelfirmen und Fachverbänden hat der VDMA als wirtschaftliche Gesamtvertretung des deutschen Maschinenbaues eine große Stärkung erfahren.

Die Arbeitsgebiete des VDMA sind mannigfacher Art. Er bildet die Fachgruppe „Maschinenbau" im Reichsverband der deutschen Industrie. Der Sicherung der Rohstoffversorgung dienen Verhandlungen über Preise und Lieferungs- und Zahlungsbedingungen und die Unterrichtung der Mitgliedsfirmen über die Rohstoffmarktlage durch ein wöchentlich herausgegebenes Preisblatt. Die Interessen des Maschinenbaues an der Zoll- und Handelspolitik des Inlandes und Auslandes und an der Förderung der Maschinenausfuhr werden wahrgenommen durch Mitarbeit am deutschen Zolltarif, Vorbereitung der Handelsvertragsverhandlungen, Orientierung über die ausländische Marktlage und die Zollsätze der Absatzländer und den Nachweis von Auslandsvertretern. Sehr wichtige Arbeit wird auf dem Gebiet der Selbstkostenberechnung geleistet durch Bekanntgabe von Anleitungen zu einheitlichen Berechnungsverfahren und durch die Beobachtung aller den Preis bildenden Faktoren im Maschinenbau und Veröffentlichung nach dem Bauklassenverfahren berechneter Selbstkostenänderungsziffern, welche den Fachverbänden und Mitgliedsfirmen einen Anhalt für die Preisbildung und den Vergleich ihrer Kosten mit dem Durchschnitt bieten. Als eine gute Waffe im Wirtschaftskampfe haben sich die vorbildlichen statistischen Arbeiten des VDMA erwiesen, auf seiner Statistik des Auftragseingangs, der Produktion, der Beschäftigten und des deutschen und ausländischen Maschinenaußenhandels beruhen Schritte bei Behörden und monatliche Berichte über die Wirtschaftslage im Maschinenbau. Die Fachverbandsabteilung des VDMA hat die Aufgabe des Ausbaues der Fachverbände und einer systematischen und einheitlichen Organisation der ganzen Maschinenindustrie. Von den übrigen Materien, die der VDMA in seiner Geschäftsstelle bearbeitet, seien erwähnt die Kredit- und Währungspolitik, die Lieferungs- und Zahlungsbedingungen, die wirtschaftliche Fertigung (Normung, Typung, Spezialisierung), Verkehrsfragen und Frachtenpolitik, die Unfallverhütung, das Ausstellungs- und Messewesen, die Ausbildung von Lehrlingen, Facharbeitern und Praktikanten sowie das technische Mittel- und Hochschulwesen, der gewerbliche Rechtsschutz (Patentwesen), die Unterrichtung der Tages- und Fachpresse und schließlich die allgemeine Rechtsberatung der Mitgliedsfirmen und die Schlichtung von Streitfällen zwischen Mitgliedern untereinander und mit Abnehmern oder

Lieferern. Diese kurze Übersicht in Form von Stichworten zeigt die ausgedehnte Tätigkeit des VDMA, die ihn zur zentralen Vertretung des gesamten Maschinenbaues macht und der einzelnen Firma die Lösung von Aufgaben abnimmt, welche sie allein überhaupt nicht oder nicht entfernt mit der gleichen Wirkung lösen könnte. Es genügt, allein an die Schwierigkeiten in der Rohstoffversorgung und der Preisbildung und an die Ausfuhrkontrolle und die neudeutsche Handelspolitik zu erinnern, um gerade für die Nachkriegszeit die Bedeutung des VDMA zu kennzeichnen, der Deutschlands wertvollste Exportindustrie vertritt.

2. Das Fachverbandswesen.

Schon frühzeitig suchte der VDMA die Bildung von Fachverbänden[1]) zu fördern, wie sie, zwar unter anderen Voraussetzungen und auf anderer Grundlage, bereits mit gutem Erfolge in der Rohstoff- und Halbzeugindustrie bestanden. Versuche, die Verbandsgrundsätze jener Industrien auf die Fertigindustrien, insbesondere auf die Industrie der nicht vertretbaren Erzeugnisse des Maschinenbaues, zu übertragen, mußten fehlschlagen, da naturgemäß die Interessen der Wettbewerber im Maschinenbau viel weiter auseinander gingen als beispielsweise bei dem Kohlensyndikat, dem Roheisenverband oder dem Stahlwerksverband. Dieses Schicksal erlebte z. B. das 1908 gegründete Kartell der österreichischen Maschinenfabriken, welches analog zu den Rohstoffverbänden Erzeugungsziffern und Kartellpflichtumsatz mit Anteil für das einzelne Kartellmitglied festlegen wollte und eine Spezialisierung innerhalb der angeschlossenen Werke anstrebte. Dieses Kartell wie ähnliche reichsdeutsche Organisationen verfielen der Auflösung.

In der Maschinenindustrie bestand nach wie vor die Schwierigkeit, für die Verschiedenartigkeit sowohl der Erzeugnisse wie der Produktionsverhältnisse die gemeinsame Grundlage, vor allem für die Preisbildung, zu finden, ohne die Eigenart des einzelnen Erzeugnisses oder des einzelnen Werkes und damit einen der wichtigsten Faktoren der Wettbewerbsfähigkeit auszuschalten. Wesentlich hinderte die Zusammenschlußbewegung das Fehlen einheitlicher Zahlungs- und Lieferungsbedingungen, das dem Abnehmer, besonders dem ausländischen, gestattete, die Wettbewerber gegeneinander auszuspielen. Ein anderer Fehler war die Vielgestaltigkeit der Erzeugnisse innerhalb eines Werkes

---

[1]) Über die Entwicklung der Fachverbände vgl. zwei Vorträge von Dipl.-Ing. Seck: Verbandsbildung im Maschinenbau, Drucksachen des VDMA 1917 Nr. 4c und 1919 Nr. 19b; Geschäftsberichte des VDMA; verschiedene Aufsätze in den Jahrgängen 1 bis 5 von „Maschinenbau-Wirtschaft"; auch Polysius: Verbandsbestrebungen im deutschen Maschinenbau, Dissertation, Würzburg 1921.

und die dadurch bedingte mangelhafte Preiskalkulation, die verbunden mit der Unkenntnis der Praktiken des Wettbewerbs eine Ausbeutung seitens der Abnehmerkreise, besonders wieder der ausländischen, zur Folge hatte. Das waren neben dem gegenseitigen Mißtrauen unter den Firmen die Gründe dafür, daß die Mehrzahl der vor dem Kriege bestehenden rund 25 Fachverbände des Maschinenbaues kaum über eine lose Preisverständigung hinaus Gemeinschaftsarbeit in größerem Umfange zu leisten vermochte.

Kurz vor Kriegsausbruch war der VDMA damit beschäftigt, als erste Vorbedingung für die Verbandsbestrebungen allgemeine Bedingungen für die Lieferung von Maschinen aufzustellen und in den Abnehmerkreisen zur Anerkennung zu bringen. Dadurch war schon der Boden für eine Zusammenschlußarbeit großen Stils bereitet, als die Währungspolitik der Regierung während des Krieges den entscheidenden Anstoß zur Verbandsbildung im Maschinenbau gab (vgl. S. 22 und 24). Um im Interesse der deutschen Handelsbilanz bei der Ausfuhr den jeweils höchstmöglichen Preis hereinzuholen, wurde die aus Gründen verschiedener Art unter Aufsicht bzw. Verbot gestellte Ausfuhr freigegeben unter der Bedingung, daß der innerdeutsche Wettbewerb beim Auslandsgeschäft ausgeschaltet würde, eine Forderung, deren Erfüllung der Industrie selbst überlassen wurde. So entstanden zunächst Ausfuhrkonventionen für die einzelnen Zweige des Maschinenbaues, indem sich die Firmen jedes Sondergebietes über die Preise und die Zahlungs- und Lieferungsbedingungen einigten. Die wesentliche Stärkung erhielt die Verbandsbildung aber erst dadurch, daß die Regierung die von der Mehrheit der Wettbewerber beschlossenen Bedingungen auch für alle Antragsteller des Sondergebietes als verbindlich erklärte, die der Verständigung nicht beigetreten waren. Dieser auf die Außenseiter ausgeübte Zwang trug sehr viel zur Förderung des Zusammenschlusses bei. Um die von der Industrie abgeschlossenen Ausfuhrkonventionen zu prüfen, richtete der VDMA die „Preisstelle für den Maschinenbau" ein. Sie entwickelte sich bald zu einer Verbandsstelle, die von sich aus auf allen Sondergebieten den Abschluß von Ausfuhrvereinbarungen in die Wege leitete, zunächst selbst die Geschäftsführung der so gebildeten Verbände übernahm und auf diese Weise das Fachverbandswesen im Maschinenbau systematisch und einheitlich ausbaute. Es galt, den Fehler früherer Verbandsbestrebungen, d. h. die Vereinheitlichung der Preise und sämtlicher Vertragsbedingungen nach dem Vorbild von Verbänden der Hersteller vertretbarer Waren zu vermeiden und sich statt dessen auf Vereinbarung von Mindestbestimmungen zu beschränken.

Als wegen Mangel an Rohstoffen und Arbeitskräften und wegen der Heereslieferungen die Ausfuhr für den Maschinenbau zeitweilig in

den Hintergrund trat und als gegen Ende des Krieges Vorkehrungen
für die Übergangs- und Friedenswirtschaft notwendig wurden, begannen die Fachverbände, die Vereinbarungen auch auf den Inlandsabsatz auszudehnen und ihre Tätigkeit damit auf weitere Grundlagen
zu stellen. Obwohl es Aufgaben wie die Rohstoffversorgung, die Selbstkostenberechnung usw. genug für sie gegeben hätte, wäre der Bestand
der Fachverbände in den Wirren der ersten Zeit nach Kriegsende stark
gefährdet gewesen, wenn nicht die Maschinenausfuhr durch die Verordnung vom 20. Dezember 1919 abermals der amtlichen Überwachung
unterworfen worden wäre, um den Export zu Schleuderpreisen zu
unterbinden (vgl. S. 88). Damit war der Zwang, unter dem die
Fachverbände entstanden waren, erneuert. In den vier Jahren bis
zur endgültigen Aufhebung der Außenhandelskontrolle im September
1923 sind die Fachverbände bedeutend besser organisiert und in ihrer
Existenz gesichert worden, besonders nach ihrer organischen Einfügung
in den Aufbau des VDMA (vgl. das vorhergehende Kapitel). Der Beweis
dafür und für die Tatsache, daß sich die Verbände über ihren ursprüng-
lichen Gründungszweck hinaus gemeinwirtschaftlichen Aufgaben in
einem ihren Fortbestand rechtfertigenden Maße zugewandt haben, ist
in dem relativ zu der Bedeutung der aufgelösten Verbände unwesent-
lichen Rückgang der Zusammenschlußbewegung nach Beseitigung der
Ausfuhrüberwachung zu erblicken.

Die außerordentlichen wirtschaftlichen Vorteile der Fachverbände
für die verschiedenen Spezialgebiete des Maschinenbaues liegen auf der
Hand. Erst solche Organisationen ermöglichen die Durchführung so
wichtiger Arbeiten wie der Normung und Typisierung, welche die Her-
stellungskosten erheblich zu vermindern geeignet sind. Der größte wirtschaftliche Vorteil für die Zukunft dürfte jedoch die durch die Verbandsbildung angebahnte Spezialisierung sein. Durch eine Verständigung
in dieser Richtung und Beschränkung des Fertigungsprogramms auf
einige wenige Maschinengattungen und Typen wird nicht nur der gegenseitige Wettbewerb eingeschränkt, sondern auch eine Kostenver-
ringerung erreicht und der Massenherstellung der Weg geöffnet, die
durch verbilligte, verbesserte und zugleich vergrößerte Erzeugung die
Wettbewerbsmöglichkeit im Auslandsgeschäft erhöht. Die Fachverbände sind weiter die geeigneten Organe, sich für ihr Produktionsgebiet
mit den Organisationen der Abnehmer und der Händler generell zu
verständigen und so den Absatz zu sichern. Der Wert solcher Über-
einkünfte liegt in der Verbilligung des Bezuges und der Ausschaltung
bzw. dem Beitrittszwang der Außenseiter. Neben diesen zentralen
Aufgaben[1]) der Fachverbände stehen die der Selbstkostenberechnung,

---

[1]) Vgl. Seck: Die neuen Aufgaben der Fachverbände des Maschinenbaues, Drucksache D F 16 des VDMA (erschienen Mitte 1924).

der wirtschaftlichen Fertigung, der in ihrer Bedeutung vielfach
unterschätzten Produktionsstatistik, der Werbung, des Frachtenaus-
gleichs u. a.

Schon heute gibt es unter den Fachverbänden des Maschinenbaues
Verbandsformen kartellmäßiger Bindung[1]) verschiedenen Grades. Während ein Teil der Verbände nach Aufhebung der Außenhandelskontrolle
wie früher die Institution der Mindestpreise beibehielt, ein anderer
Teil dagegen sich auf Richtlinien beschränkte, haben sich auch innerhalb einzelner Zweige des Maschinenbaues ausgesprochene Preiskartelle
herausgebildet, die ihre Mitglieder durch besondere Verträge weitgehend verpflichten und die Nichteinhaltung der Kartellbestimmungen
unter Strafe stellen. Auch für Kartelle, die verbunden mit einem Melde-
verfahren den Umsatz, den Gewinn oder die Aufträge kontingentieren,
gibt es Beispiele, allerdings vereinzelte, unter den Verbänden des Maschinenbaues. Anderseits kommen auch kartellmäßige Verbandsformen
minder starker Bindung vor wie etwa Vertriebsgemeinschaften, die
durch Herausgabe gemeinsamer Kataloge, Bestellung gemeinsamer Vertreter und gemeinsame Propaganda die Förderung des Absatzes be-
zwecken, ihre Mitglieder aber in der Preisbildung selbständig lassen
und sie keiner Verkaufsquote unterwerfen. Selbst eine Syndikats-
bildung findet sich im Maschinenbau, es handelt sich allerdings um
die Syndizierung eines Maschinenzubehörteiles. Denn so groß auch die
mit der Syndizierung verbundenen Vorteile der Verbilligung der Erzeugung (bei Spezialisierung) und des Vertriebes sind, so ist doch ihre
Durchführung für die meisten der differenzierten Erzeugnisse des
Maschinenbaues kaum zu bewerkstelligen. Alle die angeführten Beispiele zeigen aber, daß die Entwicklung der Fachverbände offensicht-
lich nach einer Verständigung und Planwirtschaft auf allen Spezial-
gebieten drängt, wenn ihre wirtschaftspolitischen Organisationsformen
auch sehr verschieden sein werden und der jeweiligen Eigenart des
betreffenden Produktionszweiges angepaßt werden müssen. In dieser
Richtung liegt für die Zusammenschlußbewegung im Maschinenbau die
bedeutende Aufgabe, durch Aufgeben des alten Standpunktes der
Geheimniskrämerei und durch eine Zusammenfassung und einen Ausgleich der wirtschaftlichen und technischen Kräfte den Nachteil der
erschwerten deutschen Produktionsverhältnisse gegenüber dem Ausland wettzumachen.

---

[1]) Vgl. Polysius: a. a. O. (S. 119); Seyfert: Zur Entwicklung der In-
dustriekartelle, Drucksache des VDMA 1921 Nr. 13; derselbe: Kontingen-
tierungskartelle, „Maschinenbau-Wirtschaft‘‘, 1925 Nr. 8.

3. Privatwirtschaftliche Zusammenschlüsse.

Nicht nur die verbandsmäßigen Bindungen mit dem Ziele größerer Produktivität haben in der Nachkriegszeit im Maschinenbau bedeutende Fortschritte gemacht, sondern auch die Tendenz privatwirtschaftlicher Konzentration[1]) fand unter den Firmen des Maschinenbaues in den verschiedensten Formen stärkeren Eingang. Wenn selbstverständlich auch die Verbandsbildung und Kartellierung auf privatwirtschaftlichen Interessen basieren, so versuchen sie doch eben, wirtschaftliche Aufgaben durch Zusammenschluß einer Vielheit zu einem Verbande, also durch Gemeinschaftsarbeit auf breiterer Grundlage zu lösen. Der privatwirtschaftliche Zusammenschluß verbindet dagegen in der Regel nur zwei oder einige wenige Firmen von der Einkaufsgemeinschaft bis zur kapitalistischen Fusion. Während weiterhin Verbände und Kartelle ausschließlich nur Angehörige des gleichen Produktions- bzw. Wirtschaftskreises zu Mitgliedern zählen, werden Zusammenschlüsse vielfach auch von Firmen und Werken verschiedener Wirtschaftsherkunft getätigt.

Zu unterscheiden sind hauptsächlich für den Maschinenbau: Einkaufsgemeinschaften, Patentgemeinschaften, Produktionsgemeinschaften (horizontal), Interessengemeinschaften (vertikal) und Vertriebsgemeinschaften. Bei den Einkaufsgemeinschaften handelt es sich um losere Verbindungen von Firmen des gleichen Produktionszweiges zum Zweck der gemeinsamen Beschaffung von Roh- und Hilfsstoffen. Im Maschinenbau findet sich auch ein Fall von gemeinsamem Bezug genormter Teile. Patentgemeinschaften verpflichten die sie abschließenden Firmen zur gegenseitigen Lizenzerteilung auf alle von ihnen erworbenen Patente. Solche Patentaustauschvereinbarungen sollen die üblichen Patentprozesse ausschalten und bilden eine neue Art der Verständigung zwischen Wettbewerbern. Produktionsgemeinschaften, deren es gegenwärtig etwa 150 mit über 400 an ihnen beteiligten Maschinenfabriken gibt, richten sich hauptsächlich auf den Austausch und die Ergänzung des Fertigungsprogrammes. Der Vorteil liegt in der Senkung der Herstellkosten. In vielen Fällen hat auch die Frage der Kapitalbeschaffung solche Zusammenschlüsse bewirkt, die meist durch Übernahme oder Austausch von Aktien, Austausch von Direktoren oder Aufsichtsratsmitgliedern bzw. durch teilweise oder vollständige Ver-

---

[1]) Vgl. Polysius: a. a. O. (S. 119); Troß: Der Aufbau der Eisen- und Eisen verarbeitenden Industriekonzerne Deutschlands, Berlin 1923, Verlag Julius Springer; Statthalter: Interessengemeinschaften, Essen 1922, Verlag G. D. Baedeker; verschiedene Aufsätze der Jahrgänge 1 bis 5 von „Maschinenbau-Wirtschaft" und der letzten Jahrgänge von „Technik und Wirtschaft"; Geschäftsberichte des VDMA 1922 bis 1925.

schmelzung der Betriebe gebildet werden. Das Schulbeispiel für solchen horizontalen Zusammenschluß im Maschinenbau ist die 1922 erfolgte Bildung der Mühlenbau- und Industrie-A.-G. (Miag), Frankfurt a. M., welche die fünf bedeutendsten deutschen Mühlenbauanstalten vereinigt. In der gleichen Weise sind Interessengemeinschaften entstanden, die Firmen des Maschinenbaues mit Firmen anderer Wirtschaftszweige abgeschlossen haben. Am häufigsten sind die Verknüpfungen mit der Rohstoffindustrie, von denen allein in den Jahren 1922 bis 1924 in den Geschäftsberichten des VDMA rund 20 erwähnt sind. Sie erleichtern den Rohstoffbezug der Maschinenindustrie und den Absatz der Rohstoffindustrie. Beispiele dafür sind die Verbindungen Linke-Hoffmann-Lauchhammer, Hanomag-Bergbau-A.-G. Lothringen, Demag-Carlshütte u. a. Vertikale Interessengemeinschaften sind auch zustande gekommen zwischen Maschinenfabriken und einzelnen Abnehmern bzw. ihren Organisationen, so z. B. 1922 zwischen der A.-G. für Maschinenbau, vormals Starke & Hoffmann, Hirschberg, mit dem Brauereikonzern der Engelhardt-A.-G., Berlin. Es bleibt schließlich die Form der Vertriebsgemeinschaften, die durch die Zusammenlegung der Verkaufsorganisationen Ersparnisse bei der Werbung und Einschränkung des Wettbewerbs erreichen wollen.

E. Zusammenfassung.

Gegenwärtige Lage und Ausblick.

In der Rangordnung, welche die einzelnen Industriezweige nach ihrer Bedeutung für die deutsche Wirtschaft bewertet, steht die Maschinenindustrie mit dem Bergbau und der Eisen erzeugenden Industrie an erster Stelle. Diesen Platz sichern ihr allein schon die Menge und der Wert ihrer Jahreserzeugung und die große Zahl der von ihr Beschäftigten, deren hoher vH-Satz von Facharbeitern und Beamten den Maschinenbau als volkswirtschaftlich hochwertige Verfeinerungsindustrie kennzeichnet. Integrierend aber sind für die wirtschaftliche Wertung der Maschinenindustrie zwei andere Momente. Das ist einmal ihr Charakter als Schlüsselindustrie, die jeder anderen Industrie einschließlich der Großeisenindustrie und des Bergbaues, der Landwirtschaft und dem Verkehr ihr technisches Rüstzeug liefert. Für die gegenwärtige deutsche Wirtschaftslage noch wichtiger erscheint dagegen zum anderen ihre Rolle als die führende deutsche Exportindustrie, die den größten Ausfuhrüberschuß erzielt. Denn aus der Aktivität der deutschen Handelsbilanz sollen Reparationen, Zinsendienst und Tilgung der deutschen Auslandskredite bestritten werden. Aus dieser zentralen Bedeutung der Maschinenindustrie für die deutsche Wirtschaft folgt für ihre eigenen

Träger, vor allem aber auch für die öffentlichen Organe die Pflicht, sie mit allen Mitteln und Kräften zu fördern.

Wenn auch die Lage des Maschinenbaues gegenwärtig im Verhältnis zu den Inflationsjahren, allein schon wegen der Stabilität in der Preisbildung, als wesentlich gebessert zu bezeichnen ist, so muß doch die Zukunft ihrer wichtigsten Existenzgrundlage, der Rohstoffbasis, mit Sorge erfüllen. Während die deutsche Kohlenbasis auch nach Verlust von 25 vH der deutschen Zechen für den normalen Inlandsbedarf ausreichend erscheint und in dieser Beziehung höchstens der frühere bedeutende Kohlenausfuhrüberschuß für die Aktivität der Handelsbilanz verlorengeht, liegen die Verhältnisse in der Eisenversorgung weit ungünstiger. Die deutschen Preise für Roheisen und Stabeisen liegen beträchtlich über denen von Frankreich und Belgien, die allerdings gegenwärtig unter der Wirkung der Inflation anormal niedrig sind. Der heute schon vorhandene Einfuhrbedarf an Roheisen und Rohstahl bzw. Eisenerzen, der eine Folge des Verlustes der lothringischen Erzvorräte ist, wird sich bei normalem Verbrauch der Eisen verarbeitenden Industrie noch vergrößern und evtl. weitere Preissteigerungen nach sich ziehen. Wenn heute die Steigerung der Materialkosten gegenüber 1914 hinter der Steigerung der gesamten Selbstkosten zurückbleibt, so kann daraus nicht auf niedrige Materialpreise, sondern lediglich auf eine unverhältnismäßig hohe Steigerung der Unkostenanteile geschlossen werden. Es ist also für die Zukunft weiter mit hohen und vielleicht noch höheren Rohstoffpreisen als den gegenwärtigen zu rechnen, eine Belastung der Produktion des Maschinenbaues, die durch Senkung anderer Selbstkostenteile ausgeglichen werden muß.

Verhältnismäßig am günstigsten ist die Maschinenindustrie zur Zeit in der Arbeiterfrage gestellt. Zwar ist im Durchschnitt die Arbeitszeit der Friedensjahre noch nicht wieder erreicht, aber die Mehrarbeit gegenüber der 48-Stunden-Woche in Verbindung mit der Belegschaftsverminderung findet ihren Ausdruck in der Steigerung der Kopfleistung. Eine Rückkehr zum schematischen 8-Stunden-Tag für alle Arbeiterkategorien, der gerade den besonderen Produktionsverhältnissen im Maschinenbau nicht Rechnung trägt, würde den Wirkungsgrad der Betriebe beeinträchtigen. Die heutigen Löhne, die nach ihrem Realwert die Friedenslöhne erreichen, sind als durchaus angemessen anzusehen und sind auch tragbar, wenn die Leistung der Vorkriegsleistung entspricht. Lohnerhöhungen, die über das Maß der durchschnittlichen Teuerung hinausgehen, würden den Absatz und die Wettbewerbsmöglichkeit mit dem Ausland ernstlich gefährden. Ein die Kopfleistung zweifellos recht günstig beeinflussendes Moment ist die Beseitigung der Inflationserscheinung der Nivellierung der Löhne gelernter Facharbeiter und ungelernter Arbeiter. Darauf ist auch die Steigerung der

Lehrlingszahl zurückzuführen. Auch für die Zukunft wird die systematische Ausbildung von Lehrlingen in Werkschulen eine wichtige Aufgabe der Maschinenindustrie sein, da die Qualität ihrer Produktion von der Zahl und der Fähigkeit der Facharbeiter abhängt und teilweise noch immer Mangel an Facharbeitern herrscht. Der zahlenmäßige Ausgleich zwischen Angestellten und Arbeitern in der Belegschaft hat ebenfalls seinen Anteil an der Steigerung der Produktionsintensität. Wenn also nicht neue wirtschaftliche oder soziale Erschütterungen diese Verhältnisse ungünstig beeinflussen, sind hinsichtlich der Arbeitszeit, der Löhne und der Zusammensetzung der Belegschaft gesunde Produktionsbedingungen für den Maschinenbau gegeben.

Bei den Selbstkosten im Maschinenbau liegt gegenwärtig das ganze Schwergewicht auf der Seite der Unkosten, namentlich der Kapitalkosten und der Steuern und Abgaben. Hohe Belegschaftsziffer trotz starker Produktionseinschränkungen, unverhältnismäßig gesteigerter vH-Satz der unproduktiven Arbeitskräfte, verkürzte Arbeitszeit und die Schwierigkeiten der Preisbildung und der Zahlungsweise in langfristigen Geschäften bei beständig sinkender Valuta haben in den Inflationsjahren zu den Substanzverlusten geführt, aus denen die heutige Kreditnot erwuchs. Der starke Geldbedarf der gesamten deutschen Wirtschaft bei Mangel an Kreditquellen und die Belastungen durch die daraus resultierenden hohen Kapitalzinsen werden anhalten und in die Selbstkosten jeglicher Produktion eingreifen. Die Höhe der Kapitalkosten und der übrigen Unkostenteile lastet doppelt schwer auf der Maschinenindustrie, weil die Produktion bedeutend unter die Normalziffer eingeschränkt werden mußte, die Unkosten aber weniger stark als der Grad der Produktionseinschränkungen sinken. Die so schon hohen Unkosten müssen also zur Zeit in relativ noch größerer Höhe auf eine verkleinerte Produktion umgelegt werden. In diesem Zusammenhang ist das am schwersten wiegende Symptom der gegenwärtigen Lage des Maschinenbaues die Tatsache, daß die Belegschaftsstärke nur rund 60 vH des Standes bei voller Ausnützung der Betriebsanlagen beträgt.

Von entscheidender Bedeutung ist also die Absatzfrage bzw. das Verhältnis der Produktionskapazität zu den Absatzmöglichkeiten. Der Inlandsabsatz der Maschinenindustrie ist eng mit der Gesamtlage der deutschen Wirtschaft verknüpft. Für lange Zeit wird diese durch Kreditnot, Reparationslasten, geringere Ausfuhrmöglichkeiten und mangelnde Kaufkraft der Massen gedrückt bleiben. Mit einer Belebung des Maschinen-Inlandsgeschäftes in größerem Ausmaße ist also für absehbare Zeit nicht zu rechnen. Auch die Maschinenausfuhr wird den Vorkriegsumfang in naher Zukunft nicht wieder erreichen können, wenn auch die Stabilisierung der Preise und der Abschluß neuer Handelsverträge bereits wieder zu einer nicht unbeträchtlichen Steigerung der

Ausfuhr seit dem Tiefstand 1923/24 geführt haben. Gründe dafür sind die lange Ausschaltung Deutschlands vom Weltmarkt, die wirtschaftliche Überlegenheit des amerikanischen Maschinenbaues, die Vergrößerung der Produktionsanlagen des Maschinenbaues in allen am Weltkrieg beteiligten Ländern und die Anfänge neuer Maschinenindustrien und daher Selbstversorgung in Ländern wie Japan und Britisch-Indien und handelspolitische Maßnahmen des Auslandes. Diese Verhältnisse, d. h. die Verkleinerung des Maschinenweltmarktes, illustriert die Tatsache, daß 1925 Deutschland, England und die Vereinigten Staaten zusammen nur rund 80 vH der Summe ihrer Ausfuhr von 1913 erreichten (vgl. Zahlentafel 44 auf S. 110). Um von früheren Absatzmärkten zurückzuerobern, was unter diesen Umständen noch zurückerobert werden kann, bedarf es absoluter Zuverlässigkeit in der Preisstellung und der Pünktlichkeit der Lieferung, um das Vertrauen des Auslandes wiederzugewinnen, vor allem aber aller Anstrengungen, evtl. unter Inanspruchnahme der Reserven, um in der Kreditgewährung mit England und den Vereinigten Staaten einigermaßen in Wettbewerb treten zu können.

Den verringerten Absatzmöglichkeiten steht eine Vergrößerung der Produktionskapazität der deutschen Maschinenindustrie aus der Kriegszeit her gegenüber, die auf etwa 20 vH geschätzt werden kann. Da dieses Mißverhältnis sich von der Absatzseite in naher Zukunft kaum wesentlich ändern wird, ergibt sich für die Maschinenindustrie der Zwang, ihren Produktionsapparat den veränderten Absatzmöglichkeiten anzupassen. Um auf die Dauer bestehen zu können, die Produktionsintensität zu heben, die Unkostenlast in der Preisbildung zu vermindern und auf diese Weise die Erzeugung wirtschaftlicher zu gestalten, muß der nicht oder nicht voll ausgenutzte Teil der Betriebsanlagen stillgelegt und der verbleibende Produktionsapparat um so rationeller ausgenutzt werden. Mit anderen Worten, der Maschinenbau wird dem Beispiel des Kohlenbergbaues und der Eisenhüttenindustrie folgen müssen, wenn auch für ihn dieser Prozeß unvergleichlich viel schwieriger als für jene bedeutend einheitlicheren Industrien sein wird.

Die Durchführung dieser Maßnahmen wird zwar in erster Linie Sache des einzelnen Werkes sein, sie wird aber auch von den Fachverbänden des Maschinenbaues im Wege der Verständigung in jedem einzelnen Produktionszweig wesentlich gefördert werden können. Diese bedeutende Aufgabe der Fachverbände berührt sich mit der anderen, die Spezialisierung und Typisierung in einem ganz anderen Maße anzubahnen, als es bisher geschehen ist, und die Normen, die vielfach nur auf dem Papier stehen, in die Praxis einzuführen. Daß nur die Summe solcher verbandsmäßigen Gemeinschaftsarbeit dem deutschen Maschinenbau eine erträgliche Zukunft sichern kann, sollte das Beispiel der amerikanischen „cooperation" lehren.

Quellenverzeichnis.

Deutschlands Wirtschaftslage unter den Nachwirkungen des Weltkrieges. Zusammengestellt im Statistischen Reichsamt. Berlin: Zentralverlag 1923.

Die Arbeiterverteilung in der deutschen Industrie Ende 1921. Kartenwerk der Reichsarbeitsverwaltung. Berlin: Reimar Hobbing 1924.

Handwörterbuch der Staatswissenschaften. 4. Aufl. Bd. 6, S. 503 ff. Jena: Gustav Fischer 1923.

Monatliche Nachweise des auswärtigen Handels Deutschlands. Herausgegeben vom Statistischen Reichsamt.

Polysius: Verbandsbestrebungen im deutschen Maschinenbau. Dissertation. Dessau: Hofbuchdruckerei C. Dünnhaupt 1921.

Rech: Deutscher Maschinenbau. H. 4 der Monographien zu Deutschlands wirtschaftlichem Wiederaufbau. Nieder-Ramstadt bei Darmstadt: C. Malcomes Verlagsbuchhandlung 1923.

Reuter: Die Exportmöglichkeiten der deutschen Maschinenindustrie. Berlin: Julius Springer 1924.

Statistische Jahrbücher für das Deutsche Reich. Herausgegeben vom Statistischen Reichsamt.

Statistische Übersicht über die Kohlenwirtschaft im Jahre 1924. Herausgegeben vom Reichskohlenrat, Berlin.

Statthalter: Interessengemeinschaften, ein Beitrag zur Konzentrationsbewegung in Handel und Industrie. Essen: G. D. Baedeker 1922.

Troß: Der Aufbau der Eisen- und Eisen verarbeitenden Industriekonzerne Deutschlands. Berlin: Julius Springer 1923.

Vereinigung der deutschen Arbeitgeberverbände, Geschäftsbericht über die Jahre 1923/24. Berlin 1925.

Material des Vereins Deutscher Maschinenbauanstalten.

Einzeldruckschriften. Titel, Verfasser, Erscheinungsjahr und Nummer der betreffenden Drucksache sind jeweils im Text angegeben.

Geschäftsberichte des VDMA über die Jahre 1913 bis 1925.

Berichte über die Hauptversammlungen des VDMA 1913 bis 1925.

Vaudema-Blatt, wöchentliches Mitteilungsblatt für die Mitglieder des VDMA mit regelmäßigen Beilagen wie Rohstoffpreisblättern, Zollblättern u. a.

Handakten des VDMA, besonders der statistischen Abteilung.

Fachzeitschriften.

Maschinenbau, Abteilung „Wirtschaft". Herausgegeben vom Verein Deutscher Maschinenbauanstalten. Berlin: V. D. I.-Verlag.

Stahl und Eisen. Zeitschrift des Vereins deutscher Eisenhüttenleute. Düsseldorf: Verlag Stahleisen.

Technik und Wirtschaft. Zeitschrift des Vereins Deutscher Ingenieure.
Berlin: V. D. I.-Verlag.
Wirtschaft und Statistik. Herausgegeben vom Statistischen Reichsamt.
Berlin: Reimar Hobbing.
Werkzeitschriften wie die Borsig-Zeitung, Siemens-Mitteilungen usw.

Tageszeitungen.

Berliner Börsen-Zeitung, Berlin.
Berliner Tageblatt, Berlin.
Deutsche Allgemeine Zeitung, Berlin.
Deutsche Bergwerkszeitung, Essen.
Frankfurter Zeitung, Frankfurt a. M.
Industrie- und Handelszeitung, Berlin.
Vossische Zeitung, Berlin.